高等职业

服装
设计基础

FUZHUANG
SHEJI JICHU

张富云　范玉宁　薛 伟　主编

化学工业出版社
·北京·

内容简介

本教材依据国家服装专业教学标准、衔接"1+X"职业资格证书标准、对接世界职业院校技能大赛时装技术赛项标准和服装企业设计岗位职业能力要求，以培养服装设计高素质技术技能人才为出发点，采用基于工作过程的项目化、任务型的体例结构，围绕服装设计工作范畴分为 7 个学习项目、25 个工作任务。通过项目一认识服装设计引导学生了解服装设计的相关知识与发展趋势，明晰当下服装设计师的岗位能力与职业素养要求。从项目二至项目七围绕服装设计的 6 个要素展开介绍，分别是服装设计的核心——造型设计、服装设计的灵魂——色彩设计、服装设计的载体——材料选择、服装设计的原理——形式美法则、服装设计的方法——再造与原创、服装设计的路径——程序与表达，使学生通过学习具备扎实的服装设计专业知识，能够对不同类别服装的款式、面料、结构、功能、风格进行创新设计和统筹开发。

本教材体例规范、结构严谨、图文并茂，每个项目后都设计了"知识冲浪"和"技能演练"学习模块，并配有丰富的数字资源，为教师开展专业教学、学生进行个性化学习提供有力支撑。

本教材既可作为中高职院校服装相关专业的专业教材，也可作为服装从业者、服装爱好者自学、培训学习的参考书。

图书在版编目（CIP）数据

服装设计基础 / 张富云，范玉宁，薛伟主编.
北京 ：化学工业出版社，2025. 8. --（高等职业教育教
材）. -- ISBN 978-7-122-48170-2

Ⅰ. TS941.2

中国国家版本馆CIP数据核字第20255EV738号

责任编辑：熊明燕　蔡洪伟　　　　　　　　　　文字编辑：李　双　刘　璐
责任校对：杜杏然　　　　　　　　　　　　　　装帧设计：于晓宇

出版发行：化学工业出版社（北京市东城区青年湖南街13号　邮政编码100011）
印　　装：北京宝隆世纪印刷有限公司
787mm×1092mm　1/16　印张15½　字数409千字　2025年8月北京第1版第1次印刷

购书咨询：010-64518888　　　　　　　　　　售后服务：010-64518899
网　　址：http://www.cip.com.cn
凡购买本书，如有缺损质量问题，本社销售中心负责调换。

定　　价：68.00元

前言

PREFACE

当今时代，服装早已超越了单纯的遮体保暖功能，成为展现时尚潮流、标识职业身份、传递社会信息、表达文化价值的重要载体，因此服装设计不仅是艺术与技术的融合，更是实用与审美、文化与生活、科技与创新、传承与发展的共生。服装行业的飞速发展迫切需要更多具有工匠精神的高素质技术技能人才，同时随着服装产业的转型升级，对从业者的创新能力、协作能力、管理能力等职业素养方面提出了更高的要求。职业教育承担着为现代经济发展提供人才支撑的重任，是产业发展升级的"助推器"，而课程与教材承载着职业教育的核心内容，不仅要符合岗位工作需求，更要纳入新技术、新工艺、新规范，形成紧密对接产业链与创新链的内容体系。《服装设计基础》教材的编写工作牢记职业教育的初心使命，旨在提升学习者和从业者的核心职业能力，为新质生产力发展赋能。教材编写具有以下五个特点：

① 具有正确的政治方向和价值导向。紧紧围绕为党育人、为国育才的目标任务，秉持立德树人、启智增慧的编写理念，通过设置"名言索引""艺海拾贝"板块润物无声地融入课程思政元素，展现传统服饰文化、工匠精神、技能成才等内容，加强工作价值观引导和职业道德教育，增强学生的专业认同和职业自信。

② 充分体现职业教育类型特征。坚持面向实践，强化能力，对接国家专业教学标准，依据服装设计职业岗位典型工作任务和职业能力要求，采用项目式、任务式方式编写教材，通过设置"师生互动""知识冲浪""技能演练"等基于工作过程的任务化教学内容，有力促进学生职业素养、行动能力、团队协作能力的提升。

③ 组建校企双元教材编写团队。依托行业产教融合共同体、服装头部企业、科研创新平台、省级教学资源库、国家精品在线开放课程等优质资源，由教学名师、专业带头人牵头组建教材编写团队，吸纳教学一线骨干教师和校企合作企业专业技术人员深度参与教材开发，提供企业生产案例，融合行业中的新标准、新技术、新规范，实现优势互补、资源共享。

④ 紧密对接产业升级和技术变革趋势。顺应服装产业数智化发展趋势，满足服务产业链现代化需求，遵循技术技能人才成长规律，将岗位技能要求、职业技能竞赛、职业技能证书标准、数智技术等有关内容有机融入教材，实现教材内容的迭代更新，与时俱进。

⑤ 推进教材数字化转型发展。对接真实职业场景，通过建设微课、作品分析、演示课件、音频资料等形态多样、直观形象、可听可视、可练可互动的数字资源，实现现代信息技术与教材内容的深度融合，满足交互化、共享化、个性化与情境化的教学需要。

　　本书由开封大学张富云、河南机电职业学院范玉宁、山东服装职业学院薛伟担任主编。其中项目一由薛伟编写；项目二、项目七中的任务一由范玉宁编写；项目三由开封大学袁颖编写；项目四由泉州经贸职业技术学院童振辉编写；项目五由三明医学科技职业学院陈敏编写；项目六由张富云编写；项目七中的任务四由河南业勤服装有限公司史晴晴、郑州巨木服饰有限公司徐照军合作编写；项目七中的任务二、任务三、任务五由开封大学郭浩编写。教材配套的数字化教学资源由张富云规划设计，开封大学张爽、李颂、李宏博，河南机电职业学院范玉宁参与后期制作，郑州巨木服饰有限公司刘齐参与技能演练项目评分细则的制定。全书由张富云负责统稿，河南工程学院张巧玲担任主审。

　　我们深知教材建设是育人育才的重要依托，本教材是编写团队长期教学和设计实践的结晶，精心打造的同时也难免存在不足之处，敬请读者予以批评指正，以便我们对本书进行完善和提升。最后对本书引用的文献著作和图片作品的设计师，以及给予技术指导的服装企业、参与本书编写的院校师生表示真诚的感谢。

编者
2025 年 1 月

目录

CONTENTS

项目六　服装设计的方法——再造与原创　159

项目七　服装设计的路径——程序与表达　190

二维码资源目录

序号	资源名称	资源类型	页码
28	中式盘扣	视频	138
29	再造设计法	视频	164
30	再造设计法应用实践	PDF	165
31	艺术虚构设计法应用实践	PDF	170
32	虎虎生威的虎头鞋	视频	171
33	苗族银角发冠	视频	175
34	刀尖上的东方浪漫——剪纸艺术与服装设计的千年对话	视频	180
35	中国四大名绣——东方美学的传承与创新	视频	181
36	成衣设计	视频	191
37	礼服设计实践	PDF	208
38	清园制服款式设计	视频	210
39	清园制服材质设计	视频	211
40	系列服装设计	视频	222
41	CorelDRAW 软件款式设计	视频	234
42	Style3D 软件款式设计	视频	234

名言索引:

天有时，地有气，材有美，工有巧，合此四者，然后可以为良。——《考工记》

项目一
认识服装设计

任务描述

构建起服装设计的基础知识体系，明确服装设计师应具备的素养，并制定出个人职业发展规划，为后续更深入的服装设计学习奠定坚实的基础。

学习目标

知识目标

1. 掌握服装设计的相关定义及分类。
2. 了解服装设计的发展历程。
3. 明晰服装设计师应具备的素养。

技能目标

1. 能够精准分析服装的类别与风格特点。
2. 能够根据服装设计师应具备的素养制定个人职业发展规划。

素质目标

1. 激发专业学习的兴趣与热情，树立明确的学习目标，保持积极的学习态度。
2. 树立对服装设计相关职业的认同感与自豪感，增强新时代的使命感与责任感。

课前思考

1. 服装在现代生活中的作用和地位如何？
2. 当今社会中服装分为哪些类别？
3. 要想成为一名合格的服装设计师，应具备怎样的知识结构和能力素质？

重点难点

1. 重点：服装设计师的职业素养。
2. 难点：服装设计的发展历程。

任务一 ▶ 明晰服装设计的定义、分类及发展历程

一、服装设计的相关定义

（一）服装

服装是指通过缝制形成的符合人体结构、对人体起保护和装饰作用的用品，与"衣裳""衣服"相近。

（二）服饰

狭义上讲，服饰是指服装之外的装饰品，包括首饰类和服饰类，如项链、胸针、丝巾、腰带、帽饰、包饰、鞋履等。

广义上讲，服饰是指服装与配套饰品的总称（如图1-1）。

图1-1 服装与饰品

（三）服装设计

服装设计是融艺术、文化和技术为一体的创造性活动。它通过对服装的款式、结构、面料和配件的设计，满足人们对服装的审美、舒适和功能性需求。服装设计具有以下特点。

1. 展现艺术审美形式

设计师遵循一定的设计法则，创作出具有独特风格的服装作品。这些作品不仅展示了设计师的个人风格和才华，也反映了他们对时尚流行、文化审美等客观因素的理解。

2. 涵盖工程技术应用

设计师需要准确选择服装材料、利用制版、裁剪和缝制技术，确保服装设计产品的实物化。此外，为满足不同人体穿着的合理性与舒适性，还需要了解人体工程学。

3. 参照市场预测分析

在考虑服装的功能性和耐用性的同时，也需要通过市场预测和分析来掌控和引导消费者的审美和偏好，以确保服装设计产品能够吸引目标市场的消费者。

（四）服装设计三要素

指服装设计整体效果中必不可少的三个关键因素，分别为：色彩、造型、材料（如

图 1-2）。通过三者之间的相互关联、相互影响、相互组合，形成风格迥异、千变万化的服装类型。

1. 服装色彩

服装色彩设计包括服装本身用色、服装与服装之间的色彩搭配、服装与配饰之间的色彩搭配、服装与着装者之间的色彩配合等。在进行服装色彩设计时应突出色彩的民俗性、适应性、流行性和关联性特点。

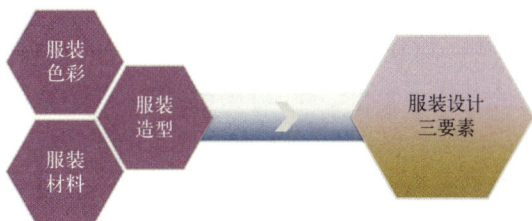

图 1-2 服装设计三要素

2. 服装造型

服装造型亦称服装的款式、款型，是服装设计中的核心内容。它是由四大造型要素点、线、面、体通过不同形式的转化、分解与组合形成的服装整体艺术风格特征。

3. 服装材料

材料是服装的物质基础，它决定了服装的质感、舒适度、风格、造型等。服装设计师要熟知各类服装材料，能够结合产品的设计要求进行材料的选择与组合，充分发挥不同材料的性能和特色。

二、服装设计的分类

（一）按性别分

1. 男装设计

以男性群体为设计对象，常见的服装类别有西装、夹克等，注重男性的外形特征，展现男性的稳重、大方及阳刚之美。

2. 女装设计

以女性群体为设计对象，注重女性的外形特征，展现女性的柔美、时尚和魅力，其风格和设计元素较男装设计变化更为丰富多样。

3. 中性服装设计

是指打破传统性别界限，设计出既适合男性也适合女性穿着的服装。这种设计风格强调服装的实用性和舒适性，常采用中性色调，如黑、白、灰、深蓝等，通过简约的廓形体现简洁、大方的外观（如图 1-3）。

图 1-3 中性服装设计

（二）按年龄分

1. 童装设计（0 ~ 12 岁）

以儿童群体为设计对象，可细分为婴儿装（0 ~ 1 岁）、小童装（2 ~ 3 岁）、中童装（4 ~ 6 岁）、大童装（7 ~ 12 岁）。根据儿童不同年龄段生长发育的特点，注重舒适性、安全性和趣味性，通常以明亮的色彩和可爱的图案为主，激发儿童的想象力和创造力，展现儿童天真、活泼、爱动的天性。

2. 少年装设计（13 ~ 17 岁）

这个年龄段的孩子形成了自己的审美和风格，开始注重个性和时尚感，所以服装在健康、舒适的同时注重款式、颜色和面料的搭配，通过多变的风格、多样的款式展现出他们的青春魅力。

3. 青年装设计（18 ～ 44 岁）

这个年龄层次又可以分为两个阶段，青年早期（18 ～ 24 岁）和青年晚期（25 ～ 44 岁）。青年早期的服装紧跟潮流趋势，设计大胆创新，款式时尚新颖，风格多元，充满活力与个性，色彩丰富明亮。青年晚期的服装格调逐渐向款式简约化、材质品质化、色彩高级化、工艺精致化进行转变，以对应该阶段人群审美心理和社会角色的蜕变。

4. 中年装设计（45 ～ 59 岁）

款式简洁大方，色彩柔和自然，面料舒适且质感好，展现成熟、稳重和优雅的风格。常见的款式包括衬衫、西装、半身裙、连衣裙、风衣等。

5. 银龄装设计（60 岁及以上）

以宽松、舒适、方便穿脱的款式设计为主，色彩温和、素雅，取材注重自然、绿色、环保，并具备一定的功能性，以满足他们健康舒适的穿着需求。

（三）按产品形式分

1. 成衣设计

是指服装企业按照国家标准号型批量生产的成品衣服，按照档次可以分为普通成衣和高级成衣。目前市场销售的服装大多属于成衣范畴。

2. 定制服装设计

是指根据个人需求、尺寸和品位量身定制的服装。与成衣相比，定制服装更贴合个人身材特点和穿衣风格，从而增强穿着的舒适度和自信心，展现个人的独特魅力。根据服务的对象、价格、定制流程等因素，又可以分为高级定制和私人定制。

（四）按服装风格分

服装风格是综合一定时代特征和流行文化所呈现出来的一种独特的服装审美趋向和表现形式。每一种风格都有其独特的魅力，常见的服装风格如下：

莫兰迪风格在服装中的奇妙魔法

1. 按地域

中式风格、英伦风格、日系风格、韩系风格、波西米亚风格等。

2. 按穿用场景

商务风格、运动风格、休闲风格、田园风格、校园风格等。

3. 按艺术门派

哥特风格、巴洛克风格、洛可可风格、波普艺术风格、欧普艺术风格、超现实主义风格等。

4. 按色彩特点

莫兰迪风格、多巴胺风格、美拉德风格、马卡龙风格等。

5. 按创新改良

新中式风格、极简风格、瑞丽风格、嘻哈风格、洛丽塔风格等。

师生互动

同学们，请认真观察下列设计作品，分析其服装风格（如图 1-4）。

图 1-4　风格分析

（五）按服装功能与用途分

1. 礼服设计

用于隆重正式的社交场合的服装，如晚宴、派对、婚礼等重要活动，具有庄重、大气、优雅、高贵的设计特点（如图 1-5）。设计时多运用高档面料、精致工艺和独特的设计元素，以彰显穿着者的身份气质。

2. 职业装设计

主要用于特定职业或工作场合的服装，具有实用性、标识性、艺术性、防护性、科学性、观赏性等特点。根据工作环境和工作性质的不同，又可以分为职业时装（如图 1-6）、职业制服、职业防护服。

图 1-5　晚礼服设计

图 1-6　职业时装设计

3. 运动服装设计

专为运动员或运动爱好者设计的服装（如图 1-7）。这类设计注重功能性、舒适性和时尚性，以满足运动时的需求。设计时应考虑到运动的特点和运动员的身体状况，采用透气、弹性好的面料，以及符合人体工程学的剪裁和设计。

4. 表演服装设计

用于舞台表演和戏剧演出的服装（如图 1-8）。这类设计注重创意、独特性和视觉效果，以吸引观众的眼球。设计时应根据剧本、角色和舞台效果的要求，运用丰富的想象力和创新思维，打造出符合剧情和角色特点的服装。

图 1-7　足球运动服设计

图 1-8　表演服设计

5.家居服设计

指在家庭生活环境中穿着的服装（如图 1-9）。它具有穿脱方便、宽松舒适、款式简单实用、色彩柔和温馨的特点，常见的服装类别有睡衣、睡袍、各种 T 恤、短裤、裙子、连体衣等。

6.休闲服设计

指在闲暇生活中如度假、旅游、户外运动、朋友聚会等场合穿着的服装（如图 1-10）。这是一种轻便、舒适、自由的服装类型，又可分为运动休闲、浪漫休闲、古典休闲、民俗休闲和乡村休闲等类型，以简洁、大方、舒适、随性的设计带给穿着者轻松、愉悦的穿着体验。

图 1-9　家居套装设计

图 1-10　运动休闲装设计

三、服装设计的发展历程

服装是人类文明、时代更迭的见证，每个时期的服装都具有深深的时代烙印，根据不同时期服装的特点，服装设计发展大致经历了以下五个阶段（如图 1-11）。

| 装饰设计阶段 | 生产设计阶段 | 设计师主宰阶段 | 生活设计阶段 | 后现代设计阶段 |

图 1-11　服装设计发展历程

（一）装饰设计阶段

1.时间

17 世纪初至 18 世纪中叶。当时的欧洲服饰，以巴洛克（如图 1-12）和洛可可（如图 1-13）风格的宫廷服装为代表。

图 1-12　巴洛克时期的女装

图 1-13　洛可可时期的女装

2.服装设计特点

（1）服装由具有精湛手工艺技术的服装工匠以纯手工的形式完成。

（2）服装设计停留在表面日臻华美与烦琐的装饰上，注重服装的局部造型，通过采用层叠的褶皱、堆砌的花边以及庞大的裙摆，营造出雍容华贵、柔美浪漫的气息，但对服装与人体间的舒适性与健康性关系很少关注。

（二）生产设计阶段

1.时间

18 世纪 60 年代至 19 世纪中叶。

2.服装设计特点

（1）开启了以机器代替手工劳动的时代，服装开始采用纺纱机、缝纫机等机械设备的流水线生产。

（2）出现了与工业生产方式相适应的服装设计方案，剔除了大量的手工艺技巧和烦冗细节，服装呈现简洁实用的成衣化特点，男装基本完成了现代服装形态的变革（如图 1-14）。

（三）设计师主宰阶段

1.时间

19 世纪末至 20 世纪中叶。

2.服装设计特点

（1）服装行业进入空前发展阶段，设计、生产、销售体系完善。

图1-14　生产设计阶段的男装

（2）一批具有独特视角和创新精神的设计师主宰并引领了服装潮流，他们注重追求服装艺术的个性化表现，如克里斯汀·迪奥的"新风貌"（New Look）（如图1-15）、加布里埃·香奈儿的"箱形套装"、玛丽·匡特的"迷你超短裙"（如图1-16）等，形成了独特的品牌风格，一些经典的设计师品牌文化影响至今。

图1-15　克里斯汀·迪奥"新风貌"

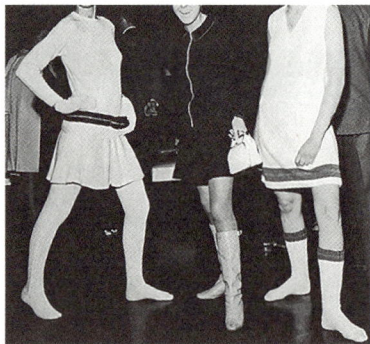

图1-16　玛丽·匡特"迷你超短裙"

（四）生活设计阶段

1.时间

20世纪中叶至20世纪末。

2.服装设计特点

（1）充分重视人性解放，注重以人为本的设计，服装设计风格与产品形式呈现出多元化、精细化与差异化特点。

（2）中国服装产业迅速崛起，开始融入世界服饰发展的潮流，设计人才需求量不断增大，本土的服装设计大师和服装品牌应运而生，如李宁、利郎等，向世界展现了中国力量。

（五）后现代设计阶段

1.时间

21世纪初至今。

2.服装设计特点

（1）随着科学技术的高速发展，世界进入信息爆炸的新纪元，观念的冲突、物质的泛滥使服装成为个性和态度的载体，服装蕴含的精神文化实质成为设计的核心。

（2）服装设计呈现出游戏、趣味与怪诞的特点。设计师运用破坏、解构、跨界、混搭、视错等手法，创造出独特、另类的服装造型（如图 1-17），配合高科技 3D 打印面料，彻底颠覆传统审美标准。

图 1-17　后现代特征的服装设计

艺海拾贝：元宇宙时代的服装 3D 新科技

元宇宙是随着虚拟技术出现的一个与现实世界映射与交互的虚拟世界，服装元宇宙设计是 21 世纪时尚行业的新兴趋势，通过 3D 虚拟仿真数字技术呈现出服装虚拟仿真效果，打造从设计到试穿的全过程，优化了设计流程，缩短了设计周期，降低了运营成本，使服装产业发展实现了"蝶变升级"。

利用服装 3D 虚拟仿真数字技术，设计师以消费者的个性化需求为出发点，大幅提升了作品设计的可控性、自由度和创新度，从设计、制造到销售为消费者提供了全新的一体化个性定制服务。

通过 3D 建模、虚拟试衣等数字技术，创建服装版型设计，通过数字面料库完成面料选择、色彩搭配和图案设计，完成服装三维立体模型，呈现完美逼真的服装设计效果。设计师根据用户虚拟试穿效果以及与用户的交流沟通，收集反馈意见，及时对服装进行细节完善，助力后续产品的开发。3D 虚拟仿真数字技术的应用极大地增强了消费者的消费体验感，通过虚拟环境下的服装展示，消费者可以全方位观赏服装设计产品的效果，还可以通过模拟试穿直观感受着装后的整体效果。此外消费者还可以通过交互界面深度参与服装的设计过程中，与设计师产生实时互动，利用色彩选择器、面料库、款式模板等工具参与设计中，体现个人的审美诉求，增强服装设计的互动性和趣味性。

今天，伴随着服装消费市场的个性化、定制化、高效化、便捷化的需求，消费者对服装设计、生产、销售等各个环节提出更高要求，服装 3D 新科技以其独特的优势，不仅是实现服装产业数智化的重要力量，也成为今后服装市场竞争中的关键因素。

学习竞技台

● 知识冲浪（30 分）

将正确的选项填在括号中，每题 5 分，共计 30 分。

1. 下列不属于服装设计三要素的是（　　　）。

A. 色彩　　　　　　　B. 造型　　　　　　　C. 图案　　　　　　　D. 面料

2. 童装设计可细分为（　　　）。

A. 婴儿装　　　　　　　B. 小童装　　　　　　　C. 中童装　　　　　　　D. 大童装

3. 职业装根据工作环境和工作性质的不同，又可以分为（　　　）。

A. 职业功能装　　　　　B. 职业时装　　　　　　C. 职业制服　　　　　　D. 职业防护服

4. 服装设计的发展历程可以分为（　　　）。

A. 4 个阶段　　　　　　B. 3 个阶段　　　　　　C. 5 个阶段　　　　　　D. 6 个阶段

5. 生活设计阶段更注重（　　　）。

A. 设计师的个人想法　　　　　　　　　　B. 固定的生产模式

C. 产品的生产效率　　　　　　　　　　　D. 消费者多元化需求

6. 后现代设计阶段服装设计的特点是（　　　）。

A. 服装成为个性和态度的载体

B. 服装设计呈现出游戏化与创新性特点

C. 注重以人为本的设计

D. 服装呈现简洁实用的成衣化特点

● 技能演练（70 分）

3 ～ 4 人组建项目团队，遴选三位国内当代服装设计师及其代表作品，阐述设计师的设计风格，分析服装产品的类别及在色彩、造型、面料等方面的设计创意。根据以上要求制作 PPT，选派代表进行汇报发言。完成要求如下。

1. 团队组建与分工

学生自行以 3 ～ 4 人为一组组建项目团队，并确定团队成员的具体分工，包括资料收集员、PPT 制作员、汇报演讲员等，确保每个成员都能充分参与到项目中，发挥自身优势。

2. 设计师及作品遴选

所选择的三位国内当代服装设计师必须是在国内时尚界具有一定知名度和影响力，且活跃于当代时尚舞台的设计师。三位设计师的设计风格应具有一定的差异性，每位设计师需有其具有代表性的作品，作品应能充分体现该设计师的风格特点，且作品信息来源准确可靠，如官方网站、知名时尚杂志报道、时尚研究文献等。

3. PPT 制作要求

（1）内容呈现

首页需包含项目团队成员信息、课程名称、作业主题、每个成员在项目中的具体工作内容以及每位设计师的个人背景信息。从色彩、造型、面料三个核心方面详细阐述其设计风格特点，深入分析所选代表作品的服装产品类别，每个作品的分析内容不少于 300 字。除文字说明外，需插入足够数量且高质量的设计师照片、代表作品图片、时装秀场图片等相关视觉资料，图片应清晰、美观，大小适中，排版合理，每一页的文字与图片搭配应协调统一，具有良好的视觉美感与可读性。

（2）格式规范

PPT 页面设计简洁大方，具有统一的风格和主题色调，标题与正文内容的字体大小要有明显区分，建议标题使用 28 ～ 36 号字，正文使用 18 ～ 24 号字。动画效果与切换效果应简洁自然，PPT 文件格式统一保存为 ".pptx"，确保在不同的电脑设备上都能正常播放。

4. 汇报发言要求

选派的汇报代表需具备良好的语言表达能力，发音清晰、流畅，语速适中，能够以自信、大方的姿态进行演讲。在 10 分钟之内，完整、精彩地呈现作业成果。

5. 作业提交要求

团队需在规定的截止日期前同时提交 PPT 文件电子版和打印版，文件命名格式为"团队名称 - 当代服装设计师及其代表作品分析 .pptx"。

● 任务评价

《当代服装设计师及其代表作品分析》技能演练项目评分表

团队成员：　　　　　　　　项目名称：　　　　　　　　最终得分：

一级评价指标	二级评价指标	评价观测点	得分
设计作品分析（15 分）	色彩运用（5 分）	1. 准确描述作品色彩搭配的整体风格与情感传达。（3 分） 2. 深入分析色彩选择与设计主题的契合度。（2 分）	
	造型设计（5 分）	1. 清晰阐述作品造型的独特之处，包括轮廓、比例、细节等。（3 分） 2. 从功能、审美等角度解释造型设计的合理性。（2 分）	
	面料运用（5 分）	1. 全面分析面料的材质、质感及其对作品效果的影响。（3 分） 2. 探讨面料选择的创新性及与色彩、造型的协调性。（2 分）	
语言表达与仪态（10 分）	语言表达（5 分）	1. 发言流畅自然，语速适中，语调富有变化，无明显卡顿、重复或口头禅。（2 分） 2. 用词准确、专业，能够清晰地传达设计理念和分析内容。（3 分）	
	仪态仪表（5 分）	1. 表情自信、亲和，肢体动作自然得体，与观众有良好的眼神交流。（3 分） 2. 着装整洁、得体，符合演练场合的氛围。（2 分）	
团队协作（15 分）	分工明确（6 分）	1. 团队成员角色清晰，各自承担的任务明确合理。（3 分） 2. 在演练过程中，各成员能够各司其职，充分发挥自身优势。（3 分）	
	协作效果（9 分）	1. 成员之间配合默契，过渡自然流畅，无明显脱节或混乱现象。（3 分） 2. 团队能够有效应对演练过程中的突发情况或问题，共同解决困难。（3 分） 3. 团队整体氛围积极向上，成员之间相互支持、鼓励。（3 分）	
PPT 制作（15 分）	视觉效果（5 分）	1. 页面设计精美，色彩搭配协调，排版整洁，有良好的视觉引导性，具有较高的审美价值。（3 分） 2. 图表等素材清晰、质量高，且与文字内容紧密配合，相得益彰。（2 分）	
	内容呈现（5 分）	1. 文字简洁明了，逻辑严谨，条理清晰，能够准确传达关键信息。（3 分） 2. 对设计作品的分析深入透彻，不仅仅停留在表面描述，有一定的深度和见解。（2 分）	
	创意与特色（5 分）	1. 在 PPT 设计及内容展示方面有独特的创意或亮点，能够给人留下深刻印象。（2 分） 2. 有效运用动画、视频等多媒体元素增强演示效果，但不过度堆砌。（3 分）	
时间把控（5 分）	符合时长（5 分）	1. 演练时间符合规定要求的 8 分钟，正负不超过 1 分钟。（5 分） 2. 每超出或不足规定时间 2 分钟，扣 2 分，扣完为止	
问答环节（10 分）	回答准确（6 分）	1. 对评委提出的问题理解准确，回答切题，能够清晰阐述自己的观点和理由。（3 分） 2. 答案内容完整、深入，能够充分展示团队对设计作品及相关知识的掌握程度。（3 分）	

续表

一级 评价指标	二级 评价指标	评价观测点	得分
问答环节 （10分）	应变能力 （4分）	1. 面对评委的追问或质疑，能够迅速做出反应，冷静应对，不慌张、不回避。（2分） 2. 能够灵活运用所学知识和经验，巧妙地化解问题，提出合理的解决方案或解释。（2分）	

改进建议：

● 得分总评

知识冲浪分值：_____　　技能演练分值：_____　　评价人：_____

任务二　明确服装设计师的岗位要求及职业素养

服装设计师在企业中占据着至关重要的地位，他们是企业品牌形象的塑造者，是产品创新的开拓者，是赢得市场的守护者，是企业成长、发展、壮大过程中不可或缺的核心部分。

一、服装设计师的岗位职责

（一）开展市场研究

① 研究流行趋势并负责收集时尚信息，包括流行趋势、面料、色彩等信息，为设计提供灵感来源。

② 根据品牌定位和目标客户群体需求进行市场调研，了解消费者需求和竞争对手的产品，以确定设计方向。

③ 建立和维护与面料供应商的良好合作关系，及时了解新面料的开发情况。

服装设计师的
岗位职责

（二）进行产品开发

① 结合市场调查结果和流行信息，与设计团队共同确定产品开发主题和开发计划书，绘制服装的款式，并确定版型、面料、辅料等细节，制作完整的设计方案。

② 与制版师和样衣工密切合作，跟进样衣制作过程，确保样衣符合设计要求。

③ 参与服装的审版工作，控制样衣的工艺方法和质量，直至达到最佳效果。

（三）完成样衣审核

① 样衣完成后，参与调整样衣版型，修改样衣上不理想的工艺方法。

② 组织初审会和内审会，听取其他部门人员的意见，共同确定整盘服装的调整方向。

③ 与生产部门合作，确保设计能够顺利转化为批量生产。

（四）参与市场运营

① 参与服装产品订货会，听取各区域市场人员和代理商的意见，为下次的产品开发做

准备。

② 参与品牌的宣传和推广活动，提供设计方面的专业意见和支持。

二、服装设计师的岗位细分

1. 成衣设计师

成衣市场是服装产业中最大最主要的领域，因此成衣设计师也是当下服装设计师岗位中最重要的群体。他们需要根据品牌定位和市场需求作出精准的判断，依据流行趋势和产品风格制定每季产品的设计方案，完成产品的开发设计、样衣确认、生产跟踪、产品发布等工作，为服装企业设计出符合消费群体需求，具备较高实用性和一定创新性的成衣产品，同时保证产品的质量，满足消费市场，获得利润回报。

2. 买手设计师

买手设计师是跟随买手服装品牌成长起来的一种新型设计师类型，其主要工作内容是根据年度或季度服装产品的上市任务，制定服装产品结构、数量的整体规划。他们通过精准的采购和策划，完成服装的选款、买款、组合搭配，对产品风格、核心卖点、包装组合等进行把关。买手设计师需要具备敏锐的时尚触觉和市场洞察力，不仅要关注国际时尚趋势，还要深入了解目标客户的需求和消费习惯，以便从众多的服装成品中挑选出最具市场卖点、最契合品牌定位的货品。

3. 原创品牌设计师

原创品牌设计师是近年来我国时尚产业中崛起的一股新力量，他们致力于创建个性化、原创化的服装品牌形象和风格，以表达独特自我的设计理念。他们带动服装行业向更高的标准迈进，成为提升中国服装品牌影响力的中坚力量。原创品牌设计师不仅要对时尚具有敏锐的观察力和掌控力，还需要具有较强的产品研发能力，熟悉和掌握面辅料特性及加工工艺和流程的综合素养，能把控产品定位，制订产品开发计划，确定季度新品计划和周期。

4. 电商服装设计师

电商服装设计师是针对当前网络购物快速发展服装设计领域中又一细分的岗位，其主要职责是围绕电商渠道每期产品的主题、风格，对下一季流行产品进行预判，根据在线本品牌以及竞争品牌的产品销售状况，分析客户需求，挖掘产品亮点与卖点，制定完成产品开发方案，选择材质（包括面料、辅料），设计出图稿、打样并指导生产，完成在线促销策略，以提升产品的市场竞争力。

师生互动

同学们，了解了不同服装设计师的岗位要求后，你想成为哪一类服装设计师呢？为什么？

三、服装设计师的职业素养

服装设计师是一个充满挑战性和时尚感的职业，不仅需要扎实的专业技能，还需要高尚的职业道德，才能在瞬息万变的市场浪潮中不断推陈出新，实现个人价值和社会价值。

（一）职业道德

1. 守正创新

创新是设计的灵魂，作为一名服装设计师，要不断尝试新的设计理念和方法，通过反复实践和探索，创造出既符合市场需求又展现特色的服装设计作品。但同时，作为一名设计师还应恪守正道，胸怀正气，行事正当，追求心正、法正、行正，方能在创新的道路上不忘初心，安心创作，精于创新，有所成就。

2. 追求卓越

好的服装设计为人们带来美的感受，能够装点生活，提高品位，因此作为一名服装设计师，应保有对职业的执着与专注，通过不断学习完善每一个设计环节，要敢于挑战并超越自我，秉持追求卓越、精益求精的信念精进技艺，实现更高的职业目标。

3. 团结协作

服装设计师不仅要具备独立工作的能力，更要具备与他人团结协作的能力，在实际工作中能够与生产、采购、市场等多个部门进行沟通、协作，以实现最佳的产品开发和市场推广效果。

4. 诚实守信

服装设计师在设计工作中要经常与客户、团队成员和其他合作伙伴进行协作，在沟通、交流过程中，设计师应始终保持诚实和守信，维护公司的利益；尊重客户、不窥探客户的隐私；严格遵守合同约定的相关事宜，认真履行工作职责，以此建立良好职业声誉。

（二）职业能力

1. 艺术审美能力

（1）一定的绘画基础与造型能力　能够通过绘图的方式记录瞬间的灵感和表达自己的设计理念，掌握色彩理论、平面构成、立体构成等基本知识，构建设计思维。

（2）丰富的想象力和创造力　善于从自然界、生活中汲取灵感、开拓思维，提升创意能力；关注时尚潮流，具有敏锐的洞察力，把握时尚脉搏。

（3）了解相关艺术门类　服装设计是一个综合了多种艺术门类的创造性工作，从相关艺术门类如建筑、绘画、音乐、舞蹈、戏剧中汲取营养，提升艺术修养，为服装设计提供丰富的灵感和素材。

2. 完成设计的能力

（1）能够进行设计效果图的绘制　运用手绘技巧及专业设计软件，依据设计概念与要求，将抽象的设计思路转化为直观、形象且富有表现力的二维或三维效果图，为设计项目提供可视化依据与技术支持。

（2）能够完成实物呈现　即在明确创意构思的各个局部细节后，进入实物制作环节，将创意构思表达为实物，这一环节中就涉及裁剪技术、制作技术。需要设计师对结构设计、工艺处理等有深入的了解。

3. 市场分析能力

（1）掌握市场调研方法　通过多种渠道收集信息，包括时尚杂志、社交媒体、当前及未来的流行趋势、市场报告等，充分把握色彩、材质、工艺和款式等方面的变化，以构建全面的市场视图。

（2）了解消费者需求 深入研究不同消费群体（如年龄、性别、地域、收入水平等）的偏好和购买行为，精准把握消费者需求，创造出受欢迎且具有商业价值的服装产品，在竞争激烈的市场中脱颖而出。

（3）分析竞争对手的动态 了解竞争对手的产品设计、营销策略和市场表现。通过对比分析，发现自身的优势和不足，从而制定出更具针对性的产品策略。

4. 跨界融合能力

（1）多元文化融合 设计师要勇于跨越传统界限，了解不同文化的历史背景、价值观念、风俗习惯以及艺术表现形式，捕捉不同文化之间的共性和差异，在设计中准确地运用和表达这些文化元素，使这些元素在设计中相互呼应、相互补充，形成一个有机整体，实现有效的融合与创新。

（2）多元领域融合 设计师不仅要具备深厚的服装设计专业知识，还要广泛涉猎艺术、文化、科技等多个领域。通过跨学科的学习和实践，拓宽视野，丰富设计灵感，从而在设计中融入更多元化的元素。

5. 数字信息素养

（1）掌握数字工具和软件应用 如计算机辅助设计软件、数码绘画工具、3D建模和渲染软件等。这些工具能够帮助设计师快速地进行草图绘制、款式设计、面料选择和色彩搭配，以及进行虚拟试衣和效果预览。通过熟练掌握这些工具，设计师可以更加高效地完成设计任务，减少设计过程中的错误和反复修改，提高设计质量和效率。

（2）具备信息处理和分析的能力 在数字化时代，信息以爆炸式的速度增长，设计师需要能够从海量的信息中筛选出有价值的内容，包括市场趋势、消费者需求、流行元素等。通过对这些信息的分析，设计师可以更好地把握市场动态，了解消费者需求，从而设计出更符合市场需求的服装产品。

（3）注重信息安全和伦理道德 在数字化时代，信息安全问题日益凸显，设计师需要保护好自己的设计成果和知识产权，避免被他人盗用或侵权。同时，设计师还需要遵守相关的伦理道德规范，尊重他人的劳动成果和知识产权，维护行业的健康发展。

艺海拾贝：红帮人百年传承的工匠精神

红帮人百年传承的工匠精神

《成衣匠的诗外功夫》一文中有这样的一段描写：某家仆人去为主人定做衣服。宁波成衣匠询问他家主人的性情、年纪、状貌，以及何年得科第。仆人觉得奇怪。成衣匠告诉他："少年科第者，其性傲，胸必挺，衣需前长而后短。老年科第者，其心慵，背必伛，需前短而后长。"这段关于服装匠人依经验量体裁衣的描述，充分展示了匠人对于人体和服装关系的精准把握，这里面提到的宁波成衣匠就是对中国定制产生重要影响的"红帮裁缝"。

红帮裁缝历经170余年，中国的第一套中山装、第一家西服店、第一家西服工艺学校、第一部西服理论专著，都是由"红帮裁缝"创立的。可以说红帮是中国近现代服装史上影响最深的一个服装流派，它揭开了中国近现代服装历史发展的新篇章。在百余年的发展过程中，通过不断的经验积累，"红帮裁缝"在西方西服工艺的基础上凝练了独特的中国式西服制作的"四功""九势"和"十六字标准"，堪称经典。

首先是"四功"：刀功、手功、车功、烫功。"刀功"是指裁剪水平。"手功"是指在一些不能直接用缝纫机操作或用缝纫机操作达不到高质量要求的部位，运用手上功夫进行针

缝，主要有扳、串、甩、锁、钉、撬、扎、打、包、拱、匀、撩、碰、搋14种工艺手法。"车功"指操作缝纫机水平，要达到直、圆、不裂、不趋、不拱。"烫功"指在服装不同部位，运用推、归、拔、压、起水等不同手法的熨烫，使服装更适合体形，整齐、美观。

其次是"九势"：胁势、胖势、窝势、凹势、翘势、剩势、圆势、弯势、搋势。以袖窿山头为例，必须做到圆顺，袖子要做成有弯势，子口要有窝势，不向外翘，前胸要有胖势，肩头要有剩势，后背要有搋势使两手伸缩方便，等等。

最后是"十六字标准"：平、服、顺、直、圆、登、挺、满、薄、松、匀、软、活、轻、窝、搋。"平"是指成衣的面、里、衬平坦，门襟、背衩不搅不豁，无起伏；"服"是"服帖"，指成衣不但要符合人体的尺寸大小，而且各部位凹凸曲线要与人体凹凸线相一致；"顺"指各部位的线条均与人的体形线条相吻合；"直"指成衣的各种直线应挺直，无弯曲；"圆"指成衣的各部位连接线条都平滑圆顺；"登"指着装后，各部位的横线条（如胸围线、腰围线）均与地面平行；"挺"指各部位要挺括；"满"是指前胸部要丰满；"薄"是指止口、卜头等部位要做得薄，能给人以舒适感；"松"是指衣服平服不呆板；"匀"是指成衣面、里、衬要统一均匀；"软"是指成衣的衬头挺括不僵硬；"活"是指成衣形成的各方面线条和曲线灵活舒展；"轻"指成衣的穿着让人感到舒适轻松；"窝"是指各个部位，像止口、领头、袋盖、背衩，都要有窝势；"搋"是指衣服要有宽舒度，不扳紧不生绉。十六个字，互有联系，统一在一件服装之上，充分展示出红帮的工艺特点。

红帮裁缝精于技艺，师徒相传，苦练基本功，比如针对西服面料厚、辅料硬的特点，他们会通过"热水里捞针""牛皮上拔针"等特殊方式来训练运针的速度和力度。同时他们也善于经营，重服务，以诚待客，赢得了良好的口碑。后人总结红帮精神：敢为人先、精于技艺、诚信守诺、勤奋敬业。

学习竞技台

● 知识冲浪（50分）

一、将正确的选项填在括号中，每题 4 分，共计 20 分。

1. 服装设计师岗位职责包括（   ）。

A. 通过各种媒体和现场发布会收集流行信息

B. 联系面料商，参加面料展会，收集流行面料色卡

C. 与制版师沟通设计意图，控制样衣版型式样和进度

D. 协调制版师和样衣工的工作，控制样衣的工艺方法和质量

2. 下列不属于服装设计师的类型的是（   ）。

A. 卖手设计师   B. 成衣设计师

C. 电商服装设计师   D. 原创品牌设计师

3. 他们致力于创建个性化、原创化的服装品牌形象和风格，以表达自我设计理念，这个类型的设计师群体属于（   ）。

A. 成衣设计师   B. 买手设计师

C. 原创品牌设计师   D. 电商服装设计师

4. 服装设计师的职业道德包括（   ）。

A. 守正创新   B. 追求卓越   C. 团结协作   D. 诚实守信

5. 服装设计师的职业能力包括（   ）。

A. 艺术审美能力   B. 市场分析能力

C. 跨界融合能力   D. 数字信息素养

二、回答问题，每题 **10** 分，共计 **30** 分。

1. 简述"完成设计的能力"包括哪几个方面。

2. 结合当下网络购物，谈谈你对电商服装设计师岗位的理解。

3. 结合服装设计师的职业素养，为自己制定一个职业发展规划。

● 技能演练（50 分）

3 ～ 4 人组建项目团队，挑选国内某一服装品牌，调研它的线下实体店和线上店铺中的服装产品，比较分析产品在款式、风格、品类和价格方面的异同点。根据以上要求制作 **PPT**，选派代表进行汇报发言。完成要求如下。

1. 团队组建与分工

学生自行以 3 ～ 4 人为一组组建项目团队，并确定团队成员的具体分工，包括资料收集员、PPT 制作员、汇报演讲员等，确保每个成员都能充分参与到项目中，发挥自身优势。

2. 品牌选择与调研

（1）品牌选定

所选服装品牌必须是国内具有一定知名度和市场影响力的品牌，且该品牌需同时拥有线下实体店和线上店铺运营模式，以便进行全面的调研分析。在确定品牌后，需向教师报备品牌名称及选择理由，确保品牌选择的合理性与独特性，避免多个团队重复选择相同品牌。

（2）调研方法与范围

① 线下调研：团队成员需实地走访所选品牌的 2 ～ 3 家不同地理位置的实体店。在店内观察并记录各类服装产品的款式细节、风格特征、品类分布以及价格标签等信息。同时，留意店铺的陈列布局、装修风格、顾客流量及消费群体特征等相关信息。

② 线上调研：全面浏览该品牌的官方线上店铺（包括官方网站、官方电商平台旗舰店等），收集与线下店铺相同或相似品类服装产品的图片、文字描述、价格数据等信息。分析线上店铺的页面设计、用户评价以及线上促销活动等方面的情况，与线下调研结果进行对比分析。

3. PPT 制作要求

（1）内容呈现

① 封面：包含项目名称、团队成员姓名与学号、所选服装品牌名称及标志、课程名称、提交日期等信息。

② 品牌简介：简要介绍所选品牌的历史背景、品牌定位、目标消费群体以及品牌文化理念等内容，为后续的产品分析奠定基础。

③ 线下店铺调研结果：详细阐述在实体店中观察到的服装产品信息，描述品牌的整体风格倾向，说明各类服装品类（男装、女装、童装，或按季节、功能分类等）的占比情况，制作价格区间图表，并对价格定位与品牌定位之间的关系进行简要分析。

④ 线上店铺调研结果：与线下店铺调研结果相对应，展示线上店铺服装产品在款式、风格、品类和价格方面的信息。重点分析线上产品与线下产品的差异之处，如线上特供款式、线上线下同款式不同价格或不同促销策略等情况，并探讨产生这些差异的原因。

⑤ 异同点总结：通过对比分析，清晰地总结出该品牌线下和线上店铺服装产品在款式、风格、品类和价格方面的相同点与不同点。以图表形式呈现，并对这些异同点对品牌发展和消费者购买行为的影响进行深入分析。

⑥ 结论与建议：基于调研分析结果，对该品牌的产品策略、线上线下融合发展等方面提出合理的结论与建议。

⑦ 参考文献：列出在调研和制作 PPT 过程中所引用的参考文献资料来源，包括书籍、

期刊文章、网站链接等，以保证作业的学术规范性。

（2）格式规范

PPT 页面设计简洁大方，具有统一的风格和主题色调，标题与正文内容的字体大小要有明显区分，动画效果与切换效果应简洁自然，PPT 文件格式统一保存为 .pptx，确保在不同的电脑设备上都能正常播放。

4. 汇报发言要求

选派的汇报代表需具备良好的语言表达能力，发音清晰、流畅，语速适中，能够以自信、大方的姿态进行演讲。在 10 分钟之内，完整、精彩地呈现作业成果。

5. 作业提交要求

团队需在规定的截止日期前同时提交 PPT 文件电子版和打印版，文件命名格式为"团队名称 _ 服装品牌店铺调研 .pptx"。

● 任务评价

《服装品牌店铺调研》技能演练项目评分表

团队成员：　　　　　　　项目名称：　　　　　　　最终得分：

一级 评价指标	二级 评价指标	评价观测点	得分
调研分析 成果 （15分）	异同点阐述 （10分）	1. 准确指出至少 3 个款式方面的相同点与不同点，并结合具体服装产品详细说明（如线上某款裙子裙摆为不规则设计，线下同款裙子裙摆改为直筒设计）。（3分） 2. 深入分析风格异同，包括整体风格走向、色彩搭配风格、时尚元素运用风格等，且能从品牌形象塑造和目标受众角度解释差异原因。（3分） 3. 清晰梳理品类异同，详细对比线上线下各类服装的种类分布、主打品类差异。（2分） 4. 精确对比相同或相似产品的价格差异，分析价格波动原因（如线上促销活动、线下店铺运营成本等）。（2分）	
	分析深度 （5分）	1. 对风格、定位、款式等异同点的分析不局限于表面现象，能挖掘背后的市场策略、消费趋势等因素。（3分） 2. 能根据分析结果对品牌未来发展提出合理的推测或建议。（2分）	
汇报表现 （10分）	语言表达 （6分）	1. 发言流畅自然，无明显卡顿、重复或口头禅。（2分） 2. 语速适中，语调富有变化，能够吸引听众注意力。（2分） 3. 用词准确、专业，能够清晰地传达设计理念和分析内容。（2分）	
	仪态仪表 （4分）	1. 站立或坐姿端正，肢体动作自然得体，无多余小动作。（2分） 2. 表情自信、亲和，与观众有良好的眼神交流。（1分） 3. 着装整洁、得体，符合演练场合的氛围。（1分）	
团队协作 （10分）	分工明确 （4分）	1. 团队成员任务分配清晰合理，每位成员的职责和工作内容明确界定。（2分） 2. 在调研、PPT 制作、汇报准备等各个环节，成员均能按照分工高效执行任务。（2分）	
	协作效果 （6分）	1. 团队成员之间沟通顺畅，信息共享及时有效，在遇到问题或分歧时能够通过积极协商达成一致解决方案。（3分） 2. 整个项目过程中团队氛围良好，成员相互支持、配合默契，能够充分发挥团队整体优势。（3分）	

续表

一级 评价指标	二级 评价指标	评价观测点	得分
PPT 制作 （10 分）	视觉效果 （5 分）	1. 页面设计精美，色彩搭配协调，具有较高的审美价值。（2 分） 2. 图表等素材清晰、质量高，且与文字内容紧密配合，相得益彰。（2 分） 3. 整体布局合理，排版整洁，有良好的视觉引导性，便于观众观看和理解。（1 分）	
	内容架构 （5 分）	1.PPT 内容完整，涵盖了调研品牌的基本信息、线上线下店铺概述、服装产品异同点分析等关键内容，且各部分内容过渡自然流畅，逻辑结构严谨。（3 分） 2. 文字内容简洁精练，重点突出，能够准确概括调研分析的核心要点和结论，不出现冗长、烦琐的表述。（2 分）	
时间把控 （5 分）	符合时长 （5 分）	1. 演练时间符合规定要求 8 分钟，正负不超过 1 分钟。（5 分） 2. 每超出或不足规定时间 2 分钟，扣 2 分，扣完为止	

改进建议：

● 得分总评

知识冲浪分值： ＿＿＿＿＿＿＿＿　　技能演练分值： ＿＿＿＿＿＿＿＿　　评价人： ＿＿＿＿＿＿＿＿

名言索引：

致广大而尽精微。——《中庸》

项目二
服装设计的核心——造型设计

任务描述

　　灵活应用服装造型设计的要素——点、线、面、体，为校企合作服装企业进行新产品的款式开发，对已有服装产品进行设计改良，使其符合当下流行趋势，为产品带来新的价值和竞争力。

学习目标

知识目标
1. 了解服装造型设计的概念及构成。
2. 明晰点、线、面、体四大造型元素的概念、属性。
3. 全面掌握点、线、面、体在服装造型设计中的转化形式及设计要求。

技能目标
1. 能够根据设计要求将点、线、面、体转变为服装的局部造型。
2. 能够按照不同的服装品类和服装风格进行点、线、面、体的组合搭配设计。

素质目标
1. 领悟"天下难事，必作于易；天下大事，必作于细"的真谛，树牢脚踏实地、精益求精的实干精神。
2. 明确服装设计要从一点一滴做起，稳扎稳打、善作善成，不断积小胜为大胜、化蓝图为现实。

课前思考

1. 造型设计为什么被称为服装设计的核心？
2. 服装造型与建筑、雕塑等其他艺术造型的根本区别在哪里？
3. 服装造型的构成要素有哪些？

重点难点

1. 重点：线元素的设计应用。
2. 难点：面元素的设计应用。

服装造型是服装设计的三大要素之一，千变万化的造型设计展现出不同的服装风格与流派，决定了服装设计产品的成败。

任务一 ▶ 认识服装造型设计

一、服装造型设计的定义与特征

（一）服装造型设计的定义

服装造型设计又称服装的款式设计，是指遵循设计法则，对造型元素进行分解与组合，形成符合审美标准并具备实用功能的服装产品款型。它是服装设计的"第一步骤"，亦称为服装的第一设计。

（二）服装造型设计的特征

1. 设计对象的特殊性

与建筑、雕塑等其他造型艺术相比，服装造型设计的特殊性在于它是以不同的人体作为造型的对象。因此人的外在形体特征和内在心理因素制约着服装造型的设计变化（如图 2-1 ～图 2-3）。

图 2-1　建筑造型　　　　　图 2-2　服装造型　　　　　图 2-3　雕塑造型

2. 设计环节的关联性

服装造型最终要通过材质应用、色彩搭配、工艺制作等环节，形成服装成品，因此服装造型设计与选材、配色、裁剪、缝制等各个环节之间相互衔接、相互制约、相辅相成。服装造型设计既凝聚了艺术的创新性，又包含了技术的实操性。

二、服装造型设计的意义

（一）塑造服装风格

服装造型设计是设计师设计理念的具体呈现，通过不同的服装造型展现出不同风格、不同功能、各具特色的服装。

（二）展示流行元素

服装造型设计要紧跟时代脉搏，及时融入流行元素、流行时尚，以此获得消费者的青睐，在市场竞争中立于不败之地。

（三）指导工艺生产

服装造型设计为后续的服装生产提供工作依据与工作指导。一旦服装款型确定下来，设计师要与制版师和样衣师进行充分沟通，保证款式设计实物化的精准实现。

（四）实现服装功能

服装所具备的实用功能和审美功能，都可以通过服装造型设计得以实现。比如防疫服通过密闭的款式对人体形成全方位的保护，满足安全需求；婚礼服则通过华丽、繁复的款式设计，为穿着者提供归属感、尊重感和自我价值的实现（如图2-4、图2-5）。

图 2-4　防疫服设计

图 2-5　婚礼服设计

艺海拾贝：中国礼服——中山装

中山装，这一以孙中山先生名字命名的服装，其历史可以追溯到20世纪初。辛亥革命后，革命者面临着服装改制的问题，孙中山先生作为中华民国的创立者，深感传统服饰形式陈旧，与封建体制不易区别，而西服虽好，却不适应我国人民的生活，无法体现民族精神与民族文化。因此，他产生了设计新制服的动机。在设计过程中，孙中山先生在保留中式服装精髓的基础上吸收了欧美服饰的特点，并借鉴了日式学生服装，最终设计出了一种立翻领、有袋盖的四贴袋的服装。这种服装既带有军装的风格，又不失学者的文雅，非常适合在正式场合穿着。

随着时间的推移，中山装逐渐定型并不断完善。其造型特征包括立翻领、门襟五粒扣、四个贴袋、袖口三粒扣等。这些形制并非随意设计，而是蕴含了深厚的文化内涵和象征意义。例如，前身四个口袋表示国之四维（礼、义、廉、耻），门襟五粒纽扣象征五权分立（行政、立法、司法、考试、监察），袖口三粒纽扣则代表三民主义（民族、民权、民生）（如图2-6）。

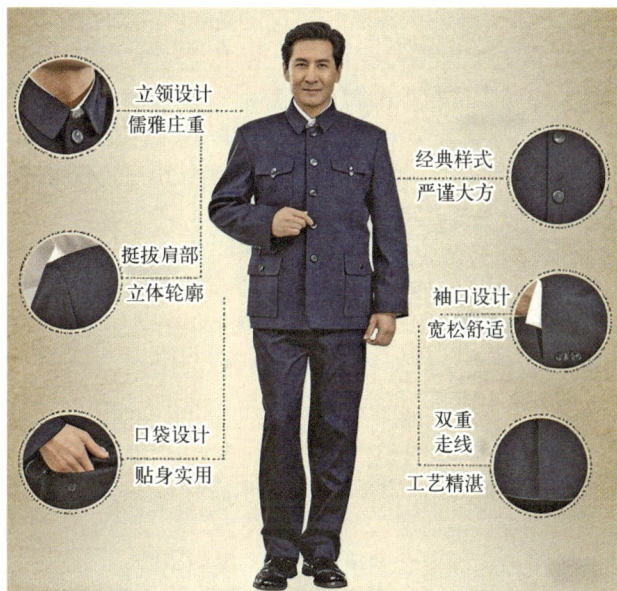

图 2-6 传统中山装

三、服装造型设计的四大构成要素

服装作为一个三维立体形态，在造型过程中要充分应用点、线、面、体的形态变化，如图 2-7 所示，通过它们之间的分解与组合，创造出形态各异、风格万千的服装款式。在设计过程中，点、线、面、体既有独立性，又有关联性。优秀的服装造型，必然是在遵循设计法则的前提下，对各设计要素独具匠心、和谐统一地应用。

图 2-7 四大构成要素

学习竞技台

● 知识冲浪（50 分）

一、将正确的选项填在括号中，每题 5 分，共计 30 分。

1. 服装造型设计又称为服装的（　　　）。

A. 款式设计　　　　　B. 版型设计　　　　　C. 第一设计　　　　　D. 结构设计

2. 服装造型设计的重要性体现在（　　　）。

A. 塑造服装风格　　　　　　　　　　B. 指导工艺生产

C. 展示流行元素　　　　　　　　　　D. 实现人体保护

3. 服装造型的四大构成元素分别是（　　　）。

A. 光、色、型、质   B. 点、线、面、体

C. 明、暗、大、小   D. 长、短、粗、细

4. 下列不属于传统中山装款式特征的有（   ）。

A. 领型为立翻领   B. 前身四个口袋

C. 门襟四粒纽扣   D. 袖口三粒纽扣

5. 下列对服装造型设计特征描述准确的是（   ）。

A. 服装造型设计特指自由自在、天马行空的想象

B. 人的外在形体特征和内在心理因素制约着服装造型设计内容

C. 只要掌握缝制技术，就可以完成服装造型设计

D. 既凝聚了艺术的创新性，又包含了技术的实操性

6. 服装造型设计与选材、配色、裁剪、缝制等各个环节之间的关系是（   ）。

A. 相互制约   B. 相互衔接   C. 相辅相成   D. 相互独立

二、回答问题，每题 10 分，共计 20 分。

1. 请分析服装造型设计与其他造型艺术设计的不同点。

2. 为什么把服装造型设计称为服装的第一设计？举例说明。

● 技能演练（50 分）

3 ～ 4 人组建项目团队，通过时尚杂志、权威媒体、时尚信息 APP、社交媒体平台等多种途径，分析新一季度服装造型的发展流行趋势与特点，完成 PPT 制作，选派代表进行汇报发言。完成要求如下。

1. 团队组建与规划

学生自由组成 3 ～ 4 人的项目团队，确定团队名称，并明确各成员职责，如资料收集员负责广泛收集信息，整理分析员对资料进行筛选整合与深度剖析，PPT 制作员打造展示成果的 PPT，汇报演讲员进行课堂展示。团队分工情况需在 PPT 里面进行详细说明。

2. 信息收集途径与范围

① 多渠道收集：充分利用时尚杂志（如《时尚芭莎》《时尚》等）、权威媒体网站（如"女装日报"）、时尚信息 APP（如"穿针引线"）以及社交媒体平台（如微博、小红书）。

② 内容涵盖：全面关注新一季度服装在款式（包括领口、袖口、裙摆、裤型等细节变化）、色彩（流行色系、色彩搭配组合）、面料（新型、特色面料的运用）以及配饰搭配等方面的流行趋势与特点，同时留意不同风格流派（如复古风、未来风、简约风等）的发展态势。

3. PPT 制作要求

（1）封面与目录

封面设计简洁美观且具时尚感，包含团队名称、课程名称、作业主题及新一季度标识。目录清晰列出各板块，如流行趋势总览、各元素分析、影响因素探讨、案例呈现、总结展望等。

（2）主体内容

① 流行趋势总览：概括新季度服装造型的整体流行走向，结合时尚界大环境与社会文化背景简述。

② 元素分析：分别深入阐述款式、色彩、面料等元素的流行特点，配以大量高清时尚图片，并对图片中的服装进行详细分析，说明其设计亮点与流行原因。

③ 影响因素：分析时尚周、明星效应、文化思潮、科技进步、消费者需求变化等对流行趋势的推动作用，结合具体事例或数据说明。

④ 案例呈现：选取多个知名品牌或设计师的新季度作品作为案例，从多个角度剖析其如何体现流行趋势，展示其设计细节与市场反响。

⑤ 总结展望：总结本季度流行趋势的核心要点，对未来趋势进行简要预测，为服装专业学习与实践提供启示。

（3）视觉效果

整体风格时尚大气，文字简洁明了、排版整齐。图片清晰、大小适中且与文字搭配协调，适当运用图表辅助说明数据信息。动画效果与页面切换自然流畅，不过度花哨。

4. 汇报发言要求

选派的汇报代表需具备良好的语言表达能力，发音清晰、流畅，语速适中，能够以自信、大方的姿态进行演讲。在 10 分钟之内，完整、精彩地呈现作业成果。

5. 作业提交要求

团队需在规定的截止日期前同时提交 PPT 文件电子版和打印版，文件命名格式为 "团队名称 _ 新一季度服装造型流行趋势分析 .pptx"。

● 任务评价

《新一季度服装造型流行趋势分析》技能演练项目评分表

团队成员：　　　　　　　　　项目名称：　　　　　　　　　最终得分：

一级评价指标	二级评价指标	评价观测点	得分
造型流行趋势分析（15分）	资料收集与整理（6分）	1. 从多种途径广泛收集新一季度服装造型流行趋势的相关资料，资料形式丰富且具有权威性。（3分） 2. 对收集的资料进行有效整理，分类清晰合理，能准确提炼关键信息。（3分）	
	趋势解读（9分）	1. 精准分析出服装造型在外部轮廓、内部比例、服装局部造型等方面的发展趋势。（3分） 2. 深入剖析服装造型设计的艺术特征，包括色彩搭配艺术、材质运用艺术、细节装饰艺术等，且阐述有深度和独特见解。（3分） 3. 结合时尚潮流背景、社会文化因素等对趋势形成原因进行合理探讨。（3分）	
汇报表现（10分）	语言表达（6分）	1. 发言流畅自然，无明显卡顿、重复或口头禅。（2分） 2. 语速适中，语调富有变化，能够吸引听众注意力。（2分） 3. 用词准确、专业，能够清晰地传达设计理念和分析内容。（2分）	
	仪态仪表（4分）	1. 站立或坐姿端正，肢体动作自然得体，无多余小动作。（2分） 2. 表情自信、亲和，与观众有良好的眼神交流。（1分） 3. 着装整洁、得体，符合演练场合的氛围。（1分）	
团队协作（10分）	分工明确（4分）	1. 团队成员任务分配清晰合理，每位成员的职责和工作内容明确界定。（2分） 2. 在调研、PPT 制作、汇报准备等各个环节，成员均能按照分工高效执行任务。（2分）	
	协作效果（6分）	1. 团队成员之间沟通顺畅，信息共享及时有效，在遇到问题或分歧时能够通过积极协商达成一致解决方案。（3分） 2. 整个项目过程中团队氛围良好，成员相互支持、配合默契，能够充分发挥团队整体优势。（3分）	

一级 评价指标	二级 评价指标	评价观测点	得分
PPT 制作 （10分）	视觉效果 （5分）	1. PPT 页面设计美观大方，色彩搭配协调且符合时尚主题，背景与文字、图片等元素融合度高。（2分） 2. 图表等素材丰富多样且质量高，能直观形象地展示服装造型趋势特点，如使用高清时装秀图片、趋势数据图表等。（2分） 3. 整体排版布局合理，页面元素分布均匀、整齐，有良好的视觉引导性。（1分）	
	内容架构 （5分）	1. PPT 内容完整翔实，涵盖服装造型趋势的各个方面分析，且重点突出，如突出关键趋势元素、代表性品牌案例等。（2分） 2. 文字简洁精练，能准确概括要点，无冗长复杂表述，且与图片等元素配合默契，相得益彰。（2分） 3. 对资料分析深入透彻，能在 PPT 中体现出小组对服装造型趋势的深度思考与总结。（1分）	
时间把控 （5分）	符合时长 （5分）	1. 演练时间符合规定要求 8 分钟，正负不超过 1 分钟。（5分） 2. 每超出或不足规定时间 2 分钟，扣 2 分，扣完为止	

改进建议：

● 得分总评

知识冲浪分值：＿＿＿＿＿＿　　技能演练分值：＿＿＿＿＿＿　　评价人：＿＿＿＿＿＿

任务二　掌握服装造型中点的设计及应用

阿基米德曾说："给我一个支点，我就可以把地球撬动。"中国成语中有"画龙点睛""点石成金"。看似微不足道的"点"，好似设计师魔法棒下的精灵，恰到好处的应用即可成为设计中的"点睛之笔"。

一、点的概念

从服装设计角度讲，"点"是造型的基础，是最简单、最灵活的设计要素，根据服装造型的需要可以转化为不同形态、运用在不同位置，但其大小绝不可以超越视觉单位"点"的限度。

二、点的属性

（一）点的数量属性

1. 单点设计效果

（1）具有标明位置、醒目、突出、诱导视线、使视线集中的作用。

（2）当处于空间中不同位置时，给人视觉和心理上不同的感受。比如点在空间的中心位置时，可产生扩张感、集中感。点在空间的一侧时，可产生不稳定的游移感等（如图2-8）。

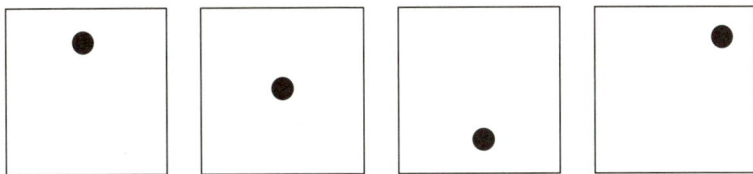

图 2-8　单点设计效果

2.双点设计效果

（1）两点出现在同一个空间中，视觉效果变得丰富。

（2）两点间距不同，位置关系不同，会产生对称、对比的效果。（如图2-9）

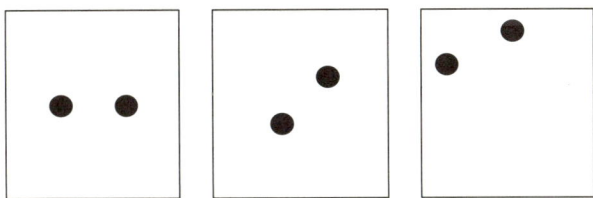

图 2-9　双点设计效果

3.多点设计效果

（1）多点出现在同一个造型中，视觉效果会更加丰富、多变。

（2）排列方式的不同会产生秩序感、节奏感、方向感与流动感（如图2-10）。

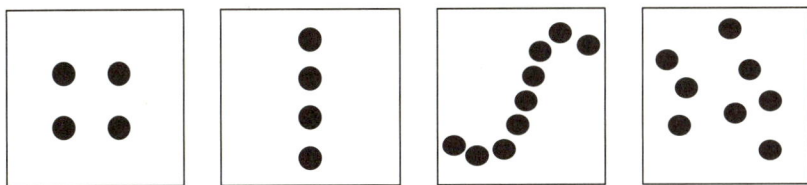

图 2-10　多点设计效果

师生互动

同学们，请认真观察下列设计作品（如图2-11），分析每一款服装中点的数量、位置及组合形式展现的设计效果。

（二）点的形态属性

1.点的形态

（1）圆形的点显示运动、圆润、饱满的特点。

（2）方形的点给人以沉稳、安定、规整的感觉。

（3）三角形的点给人以尖锐、紧张的感觉。

（4）不规则形态的点则体现前卫、时尚、异变的效果。

图 2-11　点的设计效果分析

2. 点的大小

造型设计中的点元素的大小不能超越视觉或空间范围中点的限度，超越了就失去点的意义。

（三）点的视错属性

当点的大小、位置、排列组合形式与所在的空间和环境形成对比关系时，会使人对点的视觉把握和判断与点形态的现实特征产生视觉误差。在服装造型设计中利用点的视错，能够强化设计效果，提升修饰作用。

1. 点的大小视错

（1）同等大小的两点，白底上的黑点比黑底上的白点看起来要小（如图 2-12）。

（2）同等大小的两点，周边的参照物不同，其大小发生变化。如被大小不同的点包围时，被大点包围的看起来小，被小点包围的看起来大（如图 2-13）。

（3）较多数目、大小不等的点作渐变的排列可产生空间纵深感（如图 2-14）。

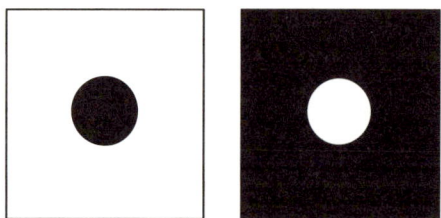

图 2-12　白底黑点与黑底白点

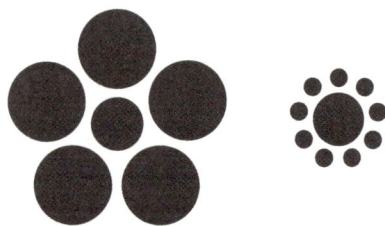

图 2-13　参照物发生变化

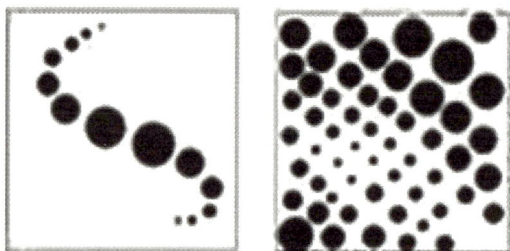

图 2-14　点的纵深感

2. 点的明暗视错

当眼睛环顾网格交点处所形成的圆点时，白色点会变成黑色点，出现白点、黑点交错闪烁的效果。这种现象被称为"勒索闪烁的网格幻觉"（如图 2-15）。

3. 点的位置视错

（1）由于人的视觉习惯是从上到下，从左到右，所以同样大小的点，位置在上的点比下面的点看起来要大（如图 2-16）。

（2）大小相同的点，处于两条直线形成的夹角中，靠近尖角的点比远离尖角的点显得大些（如图 2-17）。

图 2-15　交错闪烁　　图 2-16　位置视错　　　　图 2-17　位置视错

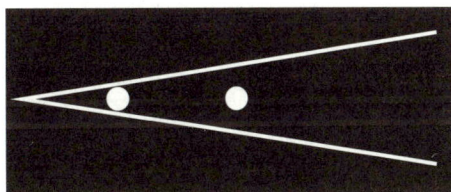

三、点在服装造型设计中的应用

点元素在服装中的应用转化形式主要包括：服装辅料的点、服装面料的点、服装饰品的点、服装零部件的点。充分利用点的功能性和装饰性能够使服装更加生动美观。

点在服装造型
设计中的应用

（一）服装辅料的点

1. 转化类别

点以服装辅料的形式出现在服装款式设计中。常见的类别有：纽扣、钉珠、亮钻、立体花、丝带蝴蝶结等。

2. 应用形式

可以单个使用，也可以一定数量进行组合，位置不确定（如图 2-18、图 2-19）。

图 2-18　点的纽扣形式　　　　图 2-19　点的钉珠形式

（二）服装面料的点

1. 转化类别

点通过服装面料上点状图案得以体现。常见的类别有：波点图案、点状花纹、点状镂空、刺绣等。

2. 应用形式

一定数量组合，位置不固定（如图 2-20、图 2-21）。

图 2-20　点状镂空面料

图 2-21　波点面料

（三）服装饰品的点

1. 转化类别

点转化为服装款式中的较小的服饰配件和服饰品。包括首饰类，如耳环、项链、戒指、胸针等；服饰类，如丝巾、提包、眼镜、帽子、鞋子等。（如图 2-22、图 2-23）。

2. 应用形式

可以单个使用，也可以配套使用，位置相对固定。

图 2-22　包饰的点

图 2-23　首饰品的点

（四）服装零部件的点

1. 转化类别

点转化为服装款式中小的服装零部件，如袋盖、衣祥、袖克夫等。

2. 应用形式

可以单个使用，也可以对称使用，常以突出的色彩为主，位置相对固定。

四、点在服装造型中的设计方法

点元素以其灵活、多变的设计特征成为服装造型中最常用的设计要素。巧妙地赋予它色彩、数量、位置、形态等变化，会更加凸显点的装饰作用。

（一）点的形态设计

1. 形状变化

服装造型中点的形状可以是规则几何形，如圆形、方形，也可以是不规则任意形状。

2. 平面或立体

点可以是平面的，如面料图案，也可以是立体的，如服装饰品。

3. 大小比例

注重点与型的关系。点不能超越视觉范围内点的范畴，否则就失去了点的意义。

十二章纹的
应用

（二）点的位置设计

点可以跟服装一体，比如服装的波点图案；也可以是后来添加的，比如纽扣、服饰品等；根据需要可以设计在服装款式中的任何位置；点所处的位置与面积大小，决定了服装的对称与平衡，因此要合理把握点的布局。

（三）点的色彩设计

根据服装款式风格进行点的色彩设计，可以与服装主体色相保持相同、相近，形成和谐统一的设计效果，也可以采用对比色、互补色，凸显差异性。

（四）点的数量设计

当服装造型中点的数量是单个时，有醒目、强调的作用，比如蝴蝶结、胸针的设计。多点组合时会形成集群、繁复的设计效果，比如钉珠、亮片在服装上的应用。

（五）点的材质设计

服装造型中点的材质丰富多样，可以是柔软的纺织品，也可以是坚硬的金属、塑胶等；可与服装的材质相同，也可以与服装材质相异。

学习竞技台

● 知识冲浪（30分）

将正确的选项填在括号中，每题 6 分，共计 30 分。

1. 服装造型中耳环、项链、戒指、胸针的设计中，点的转化形式属于（　　　　）。

A. 点的辅料类 　　　　　　　　　　　　B. 点的饰品类

C. 点的面料类 　　　　　　　　　　　　D. 点的零部件类

2. "同等大小的两点，白底上的黑点比黑底上的白点看起来要小"，这个现象属于点的（　　）。

A. 基本属性

B. 数量属性

C. 形态属性

D. 视错属性

3. 比较图中设计作品，点元素转化形式相同的是（　　）。

A. 服装辅料的转化

B. 服装面料的转化

C. 服装饰品的转化

D. 服装零部件的转化

4. 下列对点的设计法则叙述正确的是（　　）。

A. 服装造型中点的形态可以是规则，也可以是不规则的、任意的形态

B. 服装造型中点的数量可以是单个，也可以是多个组合

C. 服装造型中点的材质和色彩必须与服装保持一致

D. 服装造型中点的位置是不固定的

5. 图片中点的设计特点体现在（　　）。

A. 有服装辅料的转化

B. 进行了多点组合

C. 有服装饰品的转化

D. 点的材质和色彩与服装保持一致

● **技能演练**（70 分）

根据点元素在服装造型中的设计变化形式，在下图的系列产品中，每款进行 2 种点元素的添加设计练习，并阐述点元素的设计应用。完成要求如下。

款式一　　款式二　　款式三

1. 设计练习要求

在图片所示系列服装款式中进行点元素添加设计，每款至少运用 2 种不同的点元素设计变化形式，对每种点元素设计形式的应用有独特创意和新颖性。

2. 阐述点元素的设计应用

按照点元素的应用特点、设计灵感、款式变化等方面依次进行设计创意阐述，语言专业准确，层次分明。

3. 作业提交要求

手绘或电脑绘图均可，在规定时间内提交 8 开彩色设计稿或 A3 打印稿，清晰展示原服装款式及添加点元素后的效果，标注点元素的设计细节。同时附上文字说明文档，阐述每款服装点元素的设计应用。

● 任务评价

《点元素的设计应用》技能演练项目评分表

| 设计者： | | 班级学号： | 最终得分： |

一级评价指标	二级评价指标	评价观测点	得分
作业完成度（20分）	数量达标（10分）	1. 按照要求完成规定数量的系列服装产品设计，每缺少一款扣 3 分，扣完为止。 2. 若设计数量超出要求且质量合格，额外加 3 分	
	形式规范（10分）	1. 设计稿格式符合规范，绘图纸张大小为 8 开，页面布局合理美观，标注说明清晰，一处不符合扣 2 分。 2. 设计呈现方式清晰明了，无论是手绘还是电脑绘图，均要求款式线条流畅、比例均衡、色彩搭配合理，否则酌情扣 1～5 分	
点元素应用创新（20分）	多样性（12分）	1. 每款至少运用 2 种不同的点元素设计变化形式（如单点强调、多点排列、点的大小对比、面料的点、饰品的点等）进行款式变化，每少一种扣 4 分。 2. 对每种点元素设计形式的应用有独特创意和新颖性，根据创新程度酌情给分，最高可得 3 分	
	融合性（8分）	1. 点元素在服装款式上的添加自然和谐，不突兀，能很好地与服装整体风格和轮廓相匹配。（4分） 2. 点元素的应用能增强服装的视觉效果和艺术感染力，如突出服装的重点部位、营造层次感等。（4分）	
效果图绘制（15分）	美观性（6分）	1. 效果图整体视觉效果美观，色彩运用协调，能吸引观众目光。（3分） 2. 对服装材质、光影等有一定的表现，使效果图更具真实感和立体感。（3分）	
	准确性（9分）	1. 服装款式细节表达清晰准确，通过效果图能够完整呈现点元素在服装上的设计细节，如点的形状、位置、大小等。（4分） 2. 人体比例正确，服装穿着效果符合人体工程学。（3分） 3. 效果图能够准确传达设计意图和情感。（2分）	
设计阐述（15分）	条理清晰（6分）	1. 阐述设计方案时逻辑清晰，设计思路明确。（3分） 2. 按照点元素的应用特点、设计灵感、款式变化等方面依次进行阐述，层次分明。（3分）	
	内容完整（9分）	1. 准确说明点元素在系列服装中的应用特点，包括点元素对服装风格、视觉焦点、节奏韵律等方面的影响。（4分） 2. 详细介绍设计灵感来源，与点元素应用的关联。（3分） 3. 对设计过程中遇到的问题及解决方案进行说明。（2分）	

改进建议：

● 得分总评

知识冲浪分值：_____   技能演练分值：_____   评价人：_____

任务三 ▶ 掌握服装造型中线的设计及应用

从服装造型设计中的外轮廓到内结构，从服装图案到装饰细节，都离不开线条，不同的线形是塑造不同服装款型的必要条件。

一、线的定义

点移动的轨迹就是线，它在空间中起着连贯的作用。线具有位置、长度、方向和形态，比点更具表现力。在服装造型设计中，线是勾勒服装外形和展示内部结构的最重要的要素。

二、线的分类

线分为直线、曲线两大种类，不同形态的线给人以不同的视觉感受。（如图 2-24 ～图 2-26）

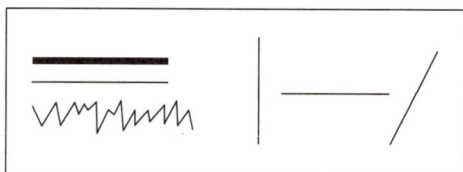

图 2-24　线的形态

图 2-25　水平线

图 2-26　垂直线

（一）直线

1.特点

具有硬朗、简洁、干脆、利落、刚毅、直率的特征，常用于男装造型的设计。

2.类别

包括粗直线、细直线、锯状直线、垂直线、水平线、斜线等。垂直线具有修长、挺拔、上升、权威、有秩序的特点。水平线代表了宽阔、平静、安定。斜线和锯状直线让人联想到运动、刺激、轻松、不安定。

（二）曲线

1.特点

曲线蕴含了优雅、微妙、律动、流动、柔软、妩媚的特质，常用于女装造型的设计。

2.分类

包括几何曲线和自由曲线。几何曲线具有圆润、饱满、可爱的特点，自由曲线显示出流动、花哨、弹性的特点（如图 2-27 ～图 2-29）。

图 2-27　曲线形态　　　　　图 2-28　自由曲线　　　　　图 2-29　曲线应用

三、线的属性

（一）线的数量属性

1.单根的线

细腻、轻松、简单、敏锐（如图 2-30）。

2.密集的线

具有体积感和分量感，显示出层叠、韵律与节奏感（如图 2-31）。

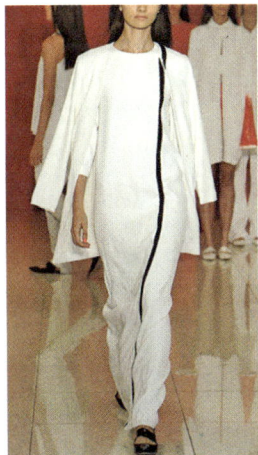

图 2-30　单根的线　　　　　图 2-31　密集的线

（二）线的形态属性

1. 线的粗细

（1）粗线条给人厚重、刚硬的感觉。

（2）细线条呈现隐蔽、柔和、利落的特点。

2. 线的长短

（1）短线条显得干脆、利落、紧凑。

（2）长线条显得柔美飘逸，长短线条搭配使用时可增加服装的空间感。

3. 线的平面与立体

（1）平贴的线一般使用拼接、图案的方式在服装造型中显示，呈现出规范、平整、大方的特点。

（2）立体的线通常采用层叠、堆砌、扭绞、搓捻或者加填充物等手法形成立体突出的线条感。由于具有一定的厚度和体积感，视觉冲击力更强。

师生互动

同学们，请分析图 2-32 中每款服装中线的数量及形态属性。

图 2-32　线的设计效果分析

（三）线的视错属性

同一条或若干条相同线条在不同的环境下所产生的与现实相异的视觉效果，就是线的视错。视错原理经常被应用于服装设计中，可以提升设计效果，修饰和美化人体，使着装者的身形更加协调。常见的线条视错现象有：

① 等长的两条直线，其端点的箭头开合方向不同，产生不等长的视错感；等长的两条直线，垂直方向的线较水平方向的线显长，这是因为垂直线能够拉长人的视线（如图 2-33）。

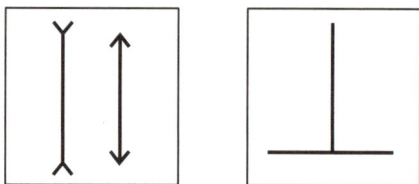

图 2-33　等长直线的视错

② 两条平行线受斜线角度影响，呈曲线状（如图 2-34）。

③ 线条不同的排列形式在服装中形成视错感，起到修饰体形的作用（如图 2-35）。

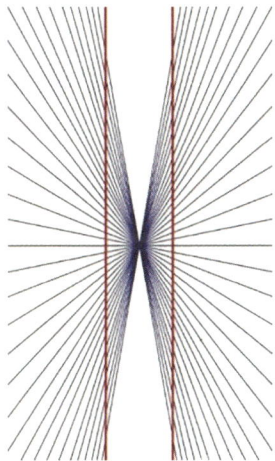

图 2-34　平行线的视错

图 2-35　线的视错在服装中的体现

四、线在服装造型设计中的应用

线在服装造型中的应用转化形式分为外部轮廓线、内部结构线和外观装饰线三大类。

（一）外部轮廓线

1. 外部轮廓线的定义

即服装的外形周边线、外沿线。它决定了服装的外貌风格，是服装造型设计的根本。

2. 外部轮廓线的重要性

（1）服装外部轮廓线代表服装的直观形象，是表达人体美的重要手段，在整体服装造型设计中居重要地位。

（2）服装外部轮廓线不仅是造型手段，而且是时代风貌的体现。

（3）服装外部轮廓线的设计变化常作为预测服装流行趋势的一个重要线索（如图 2-36）。

服装外轮廓
设计的艺术
与时尚

图 2-36　女装外轮廓的变迁

3.外部轮廓线的设计分类

（1）字母形外轮廓　通过仿造英文字母的外形特点进行的外轮廓设计，也称字母形服装，由法国著名服装设计师克里斯汀·迪奥创造。它是目前最常用的一种外轮廓设计，最常见的有 A、V、T、X、H、O、S 轮廓形。

①A 形外轮廓。指上小下大正三角形造型的服装，肩部紧身，下摆放宽，具有优雅、洒脱、华丽、高贵之感。根据下摆宽大的程度，又可分为大 A、中 A 和小 A，主要用于女装的婚纱礼服、成衣设计中的 A 字裙、披风等（如图 2-37）。

②V 形外轮廓。通过强调、修饰肩部，形成以肩部为基准的上部平宽、下摆逐渐收紧的外形特征，整体服装形态呈上宽下窄的倒梯形。它显示刚毅、庄重的特点，具有强烈的男性化特点，常用于男装设计、中性化女装设计和肩部夸张、变形的创意装的设计（如图 2-38）。

③T 形外轮廓。T 形与 V 形外轮廓有异曲同工之妙，T 形不仅凸显肩部造型宽阔，而且强调袖子的宽大程度，具有更加丰满的肩、袖外形设计特点（如图 2-39）。

④X 形外轮廓。兼具了 A 形和 V 形的特点，克里斯汀·迪奥经典设计"New Look"就采用了 X 形轮廓。其特点表现为强调或夸张肩部造型，收紧腰部，下摆放宽，形成肩、腰、下摆的对比，显现出华丽、优雅、高贵的风格特征，非常适合女装礼服设计（如图 2-40）。

| 图 2-37　A 形外轮廓 | 图 2-38　V 形外轮廓 | 图 2-39　T 形外轮廓 | 图 2-40　X 形外轮廓 |

⑤H 形外轮廓。肩、腰、臀、下摆的围度无明显区别，外观呈直筒形。具有简洁、轻松、随意、舒适的设计特点。这种外轮廓适用于不同性别、年龄。根据其宽大的程度，又可以分为宽松 H 形、适中 H 形和瘦长 H 形（如图 2-41）。

⑥O 形外轮廓。O 形外轮廓通过收紧肩部和下摆，腰部放松，形成椭圆形外观，呈现出圆润、可爱、饱满的艺术特点（如图 2-42）。

⑦S 形外轮廓。S 形外轮廓也称曲线形、8 字形，采用肩、胸、腰、臀贴体的设计，呈现人体原有的特征，显示人体美。在采用 S 形设计时需考虑服装下摆的开衩或选用弹性面料以方便行动（如图 2-43）。

图 2-41　H 形外轮廓　　　　图 2-42　O 形外轮廓　　　　图 2-43　S 形外轮廓

师生互动

请同学们分析我国传统服饰旗袍属于哪种字母形外轮廓，有什么款式特点。

艺海拾贝：旗袍的三大派别

旗袍被公认为最具东方特色的服饰，其柔美的造型勾勒出女性窈窕的身姿，散发出独特的韵味。在不同地域文化的影响下，中式旗袍衍生出三大派别，分别为京派、海派和苏派（如图 2-44 ～图 2-46）。

旗袍前世与今生

1. 优雅大气——京派旗袍

京派旗袍是以北京为中心的北方旗袍的代表，具有浓厚的传统气息和官派风格。京派旗袍由清朝旗装的形制演变而来，采用宽松衣身和衣袖，造型设计自然随和，配以华丽的缇边装饰、精美的刺绣、大气稳重的色调，将女性端庄、优雅、成熟的一面展露无遗。

2. 时尚婀娜——海派旗袍

海派旗袍源于上海，通过中西方服饰文化的深度融合，海派旗袍成为具有民族性特征和现代意义的女性时装的典范。旗袍采用合体的腰身，多变的领型和袖型设计，两侧的高开衩、贴合的肩袖设计，蕾丝和垫肩的应用，增加了旗袍的多样性和时尚感，展现出女性婀娜多姿的万种风情。

3. 温婉秀雅——苏派旗袍

苏派旗袍又称苏州旗袍，承载着苏州地区的文化传统和审美趣味。苏派旗袍剪裁合体，既不过于紧身也不显得宽松，轻柔亲肤的天然丝绸面料提高了旗袍的舒适度，滚（绲）边、盘扣、镶嵌等精细考究的制作工艺，淡雅的色彩，无不体现出江南水乡的柔美和精致。

图 2-44　京派旗袍　　　图 2-45　海派旗袍　　　图 2-46　苏派旗袍

（2）几何形外轮廓　把服装外轮廓看作是单个几何体或多个几何体组合的廓形设计方法。如梯形、三角形、矩形、扇形等（如图 2-47、图 2-48）。

图 2-47　矩形轮廓　　　　　　　图 2-48　几何形组合外轮廓

（3）物象形外轮廓　参照动物、植物、器物等的形象，通过提炼描摹的手法，转化为服装外轮廓造型的设计方法。例如水母形、郁金香形、酒杯形等类型（如图 2-49 ～图 2-51）。

图 2-49　水母形外轮廓　　　　　　图 2-50　郁金香形外轮廓

图 2-51 酒瓶形外轮廓

师生互动

　　同学们，除了上面讲到的物象形外轮廓，试着列举出其他的外轮廓，并且分析一下它们的艺术特征。

　　4.外部轮廓造型设计的关键部位

　　结合人体特征，影响服装外部轮廓造型设计的关键部位包括肩部、胸部、腰部、臀部以及下摆。服装的外轮廓随着这些部位的宽窄、松紧、高低、长短的变化而变化（如图 2-52）。

肩部
胸部
腰部
臀部
下摆

图 2-52 外部轮廓造型设计的关键部位

　　（1）肩部　在服装外部轮廓造型设计中，肩部的宽窄程度直接决定了服装上部的形态。比如 Y、T 字母形外轮廓都具有平宽的肩部造型，显现出上宽下窄的特点。肩部轮廓线可以分为自然形、平宽形、狭窄形设计。

　　（2）胸部　胸部的变化主要体现在胸部松量大小变化上，可以分为宽松、紧包、适中。

　　（3）腰部　腰部的设计根据腰围松紧和腰线的高低进行分类，分别为紧腰、适体、宽身和高腰线、中腰线、低腰线。

　　（4）臀部　臀部的设计是服装外轮廓的重点表现部位，可以反映人体臀部的自然特征，呈现适中和紧包的形式，也可以根据外轮廓的设计需要进行放大和夸张。

（5）下摆　是服装长度和底摆大小宽窄的关键参数。从长度上分为短、中、中长、长；从宽窄上分为窄小、宽大和直身。其不同长短与宽窄形成形态各异的下摆设计。

（二）内部结构线

1. 内部结构线的定义

即构成服装内部形态的线，它体现在服装内部的拼接部位，与人的形体结构相呼应。

2. 内部结构线的重要性

（1）反映出人体特征与服装各部位的内在关系。

（2）使服装各个部件有机组合，具备审美和实用功能。

（3）使服装从二维平面形态向三维立体形态进行转化。

3. 内部结构线的设计分类

（1）基础结构线　基础结构线是指构成服装基本结构的线。上装的基本结构线有：衣长线、胸围线、袖窿线、肩线、领线等。下装的基本结构线有：裤（裙）长线、腰线、臀围线、横裆线、中裆线、脚口线等。

（2）省道线　在服装款式设计中对布料包裹人体时产生的多余松散量进行缝合后的内部结构线就是省道。省道的设计适应了人体三维立体形态的需求，更好地展现人体曲线美。省道围绕人体的凸点，位置多设计在胸、腰、臀、肩、领口、手肘、后背等曲线变化明显的部位，形成领省、胸省、肩省、腰省等。根据服装设计需要，可以多种省道组合使用（如图2-53）。

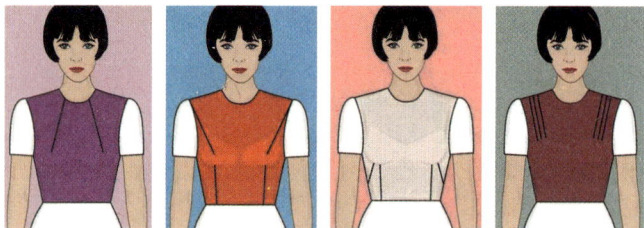

图2-53　省道线的设计

（3）分割线　分割线是指从服装造型美出发，把衣服分割成几个部分，再进行缝合后所形成的内部结构线，因此又称为服装的剪辑线、开刀线。它除了可以替代省道，使服装修身适体，还可以通过滚边、嵌条、缀花边、加荷叶边、缉明线或不同色块相拼等工艺手法，对服装进行美化和装饰。它的表现形式和种类多样，营造出来的设计效果也大不相同（如图2-54）。

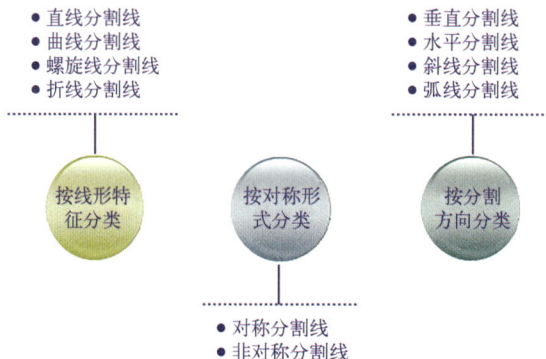

图2-54　分割线的类别

① 垂直分割线。具有拉长视线、强调高度的作用，给人以修长、挺拔的美感。表现形式有服装中的公主分割线、背缝线等（如图2-55）。

② 水平分割线。给人以稳定、开阔之感。它多用于男装前胸和后背覆肩的分割，以及女裙装腰部的育克分割等（如图2-56）。

图 2-55　垂直分割线　　　　　　图 2-56　水平分割线

③ 斜线分割线。呈现轻盈、灵动、活泼、时尚、运动的感觉。在使用时要注意斜线分割的角度处理，一般斜向45°能够呈现出最好的视觉效果（如图2-57）。

④ 曲线分割线。具有柔和、优雅的特征，非常适合体现女性的柔美气质。它多用于女装的刀背缝处、胸部和背部设计（如图2-58）。

图 2-57　斜线分割线　　　　　　图 2-58　曲线分割线

师生互动

请同学们从工艺处理、装饰效果等方面谈谈省道线与分割线在服装款式设计中的区别。

⑤ 组合分割线。是将垂直、水平、斜线、曲线交错使用的分割方法。在服装设计中，使用组合分割线，再以不同色彩、图案的材质进行拼合，最终形成活泼生动、情趣盎然的设计效果（如图2-59）。

（4）褶裥线　褶裥线是通过对服装材料进行折叠、抽缩定型后形成的多种形态的线条组合，外观富于立体感、流动感与装饰感。根据工艺手法，可分为褶和裥两种造型。

图 2-59　组合分割线

① 褶。具有立体生动的装饰效果，包括抽褶和折褶。抽褶也称自由褶，是通过对面料的抽拉、缩紧后形成的蓬松、自由、流动、活泼的线条形式。折褶又称规律褶或风琴褶，是通过对面料进行等距的折叠、定型后形成的规范、整齐、等距、等宽的褶子。褶多用于女装与童装中，如裙装、衣身、袖口、领口等处的褶边装饰等（如图 2-60、图 2-61）。

② 裥。是对面料进行左右等量折叠后形成的单个褶子造型。当折叠后的裥量在内部时，称为"阴裥"；当裥量呈现在外部时为"阳裥"造型。女装半裙或上衣后背育克处多采用"裥"设计，不仅体现含蓄之美，也增加了人体活动的空间量（如图 2-62）。

图 2-60　抽褶

图 2-61　折褶

图 2-62　"阴裥"设计

（5）开衩线　开衩线就是在服装的领口、下摆、两侧或身前背后不进行缝合而形成的开口线。开衩不仅便于活动，而且增强美感。可以在服装左右、前后、上下进行对称式开衩，比如旗袍两侧的开衩；也可以在某一部位单个开衩。开衩的位置，衩的高低、长短是进行开衩设计的重要元素（如图 2-63）。

图 2-63 开衩设计

（三）外观装饰线

1.外观装饰线的定义

对服装造型起到艺术点缀、装饰美化效果的线。

2.外观装饰线的分类

（1）艺术性装饰线 在服装上运用包、滚、镶、嵌、贴、缀、拼、印、手绘、绣花等装饰手法，起到纯粹装饰功能的线条设计，如配色线、图案线等（如图2-64）。

（2）功能性装饰线 通过对功能性的内部结构线进行美化，在服装造型中起到装饰效果，如在分割线、省道线上缉明线等（如图2-65）。

图 2-64 艺术性装饰线

图 2-65 功能性装饰线

五、线在服装造型中的设计方法

（一）把握数量关系

服装中的线条种类繁多，变化丰富，在综合运用考量时，要根据线的形态与功能，把握它们的数量配比，做到用最少的线而不空，用最多的线而不乱（如图2-66）。

（二）把握先后关系

根据服装造型设计的类别、风格与用途，先确定服装的外部廓形，然后根据外部廓形决定内部结构线与装饰线的种类。比如设计婚礼服，通常采用 A 或 X 廓形，为了凸显胸、腰的设计效果，相对应的内部结构线可以采用省道和公主线等，装饰线可以选择滚边、镶嵌等。

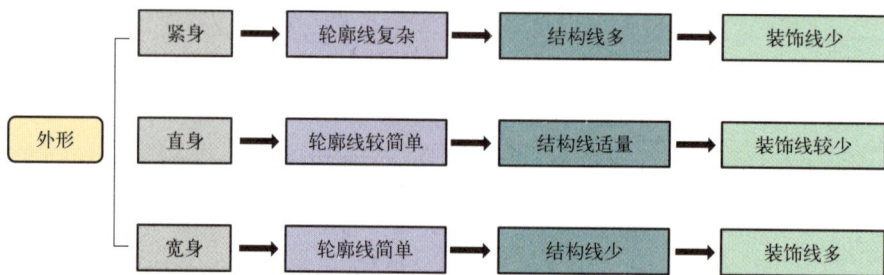

图 2-66　线的数量关系

（三）把握形态关系

在服装造型设计中，要把握外部轮廓线、内部结构线和装饰线形态和风格上的一致性。比如直线外部轮廓，最好选用直线的分割和装饰线，保持艺术效果的呼应性。

（四）把握人体关系

无论采用什么类型的线，都要以人体的特征为依据，特别是内轮廓线的设计位置与形态，更与人体基本结构密不可分。

（五）把握位置关系

内部结构线在位置上可以有对称和非对称组合，分割线的等量、渐变和自由组合等多种形式。对称受到中轴线和中心点的制约，具有严肃大方、安定平稳的特征，比如对称省道、对称褶裥等。非对称则通过左右不相等的形式，形成对比变化的设计效果。等量分割线组合产生秩序与统一的效果，渐变分割线组合具有韵律感，自由分割组合由于分割位置不固定，呈现出活泼、多变、时尚之感。

学习竞技台

● 知识冲浪（30 分）

将正确的选项填在括号里，每题 3 分，共计 30 分。

1. 字母形外轮廓服装的创始人是（　　）。
A. 迪奥　　　　　　B. 三宅一生　　　　　　C. 香奈儿　　　　　　D. 川久保玲
2. 我国传统服装旗袍的外轮廓属于（　　）。
A. X 廓形　　　　　B. S 廓形　　　　　　C. O 廓形　　　　　　D. A 廓形
3. 下列属于 A 廓形特点的是（　　）。
A. 上小下大的三角形特点　　　　　　B. 适合礼服、婚纱的设计
C. 有拉长身形的效果　　　　　　　　D. 不适合身材娇小者穿着
4. 决定外轮廓设计的几个人体关键部位有（　　）。
A. 胸部　　　　　　B. 肩部　　　　　　C. 腰部　　　　　　D. 臀部
5. 下列属于内部结构线的是（　　）。
A. 省道线　　　　　B. 分割线　　　　　C. 褶裥线　　　　　D. 装饰线
6. 省道线与分割线的区别有（　　）。
A. 分割线位置固定、工艺较简单。省道线位置相对灵活，工艺较复杂

B. 省道线更多起到的是修身适体的作用。分割线既有装饰性又有实用性

C. 省道线适合轻薄型服装面料，比如衬衫、夏季连衣裙。分割线设计感强，适合多种材质与风格

D. 在缝制中单纯的分割线一般表面不压明线，省道线多数有压明线

7. 图片中所显示的线条属于（　　　）。

A. 省道线

B. 分割线

C. 功能性装饰线

D. 轮廓线

8. 当设计直身外形时，各线条的数量关系为（　　　）。

A. 轮廓线复杂

B. 结构线适量

C. 装饰线较少

D. 装饰线较多

9. 褶裥线的艺术特点有（　　　）。

A. 褶裥是通过对服装材料的折叠、抽缩定型后形成的多种形态的线条组合

B. 折褶展示出蓬松、自由、流动、活泼的特点，抽褶具有规律、整齐的特点

C. "阳裥"折叠后的裥量呈现在外部

D. 女装半裙或上衣后背育克处多采用"阴裥"设计，体现含蓄之美

10. 图中设计作品的分割线类型属于（　　　）。

A. 弧线分割

B. 水平分割

C. 斜线分割

D. 自由分割

● 技能演练（70 分）

1. 以 3 人为一组，选取国内 1 个女装品牌进行进店调研，分析他们最新季 3 ～ 4 套服装产品的廓形造型特点，根据调研内容填写调研表。（20 分）

<table>
<tr><td colspan="4" align="center">＿＿＿＿＿＿＿＿＿品牌最新季服装产品廓形造型特点调研表</td></tr>
<tr><td colspan="2">团队名称：</td><td colspan="2">调研时间：</td></tr>
<tr><td rowspan="4">团队成员</td><td align="center">班级</td><td align="center">姓名</td><td align="center">学号</td></tr>
<tr><td></td><td></td><td></td></tr>
<tr><td></td><td></td><td></td></tr>
<tr><td></td><td></td><td></td></tr>
<tr><td>品牌名称</td><td></td><td>品牌定位</td><td></td></tr>
<tr><td rowspan="3">廓形设计调研
情况
（10 分）</td><td align="center">服装品类</td><td align="center">廓形分类</td><td align="center">关键设计细节</td></tr>
<tr><td></td><td></td><td></td></tr>
<tr><td></td><td></td><td></td></tr>
</table>

续表

廓形设计调研情况（10分）			
品牌整体廓形风格总结（5分）			
调研结论与建议（5分）	基于廓形调研的品牌优势分析		对品牌廓形设计的改进建议

2. 分析下图款式结构线的设计特点，并在原有款式的基础上，按设计要求进行线元素变化设计练习，以平面款式图的形式展现。完成要求如下。（50分）

① 分析款式特点：对图片服装款式中的内部结构线的形态、位置、功能、类别进行分析，明确结构线与服装的穿着美感和整体协调性的内在联系。

② 设计练习要求：在图片服装款式上进行5款不同的分割形式和5款不同的褶裥形式的设计练习，分割形式和褶裥形式设计新颖独特，具有创新性思维。

③ 作业提交要求：手绘或电脑绘图均可，在规定时间内提交8开款式设计稿或A3打印稿，服装款式表达清晰准确，能够完整呈现线元素在服装上的设计细节，符合人体工程学，穿着舒适、行动方便。

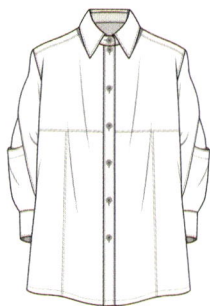

设计出 5 款不同的分割形式　　　设计出 5 款不同的褶裥形式

● 任务评价

《线元素的设计应用》技能演练项目评分表

团队成员：　　　　　　项目名称：　　　　　　最终得分：

一级评价指标	二级评价指标	评价观测点	得分
作业完成度（20分）	数量达标（10分）	1. 完成规定的5款不同分割形式和5款不同褶裥形式设计，每少一款扣2分。 2. 额外完成且质量合格的设计款式，每多一款加1分，最高加3分	
	形式规范（10分）	1. 款式图尺寸、比例符合常规要求，纸张使用得当。（3分） 2. 设计稿标注清晰，包括款式名称、线元素设计说明、比例尺寸等信息完整。（4分） 3. 整体排版合理，画面整洁干净。（3分）	

续表

一级 评价指标	二级 评价指标	评价观测点	得分
设计创意 与合理性 （20分）	创意性 （12分）	1. 分割形式和褶裥形式设计新颖独特，具有创新性思维，每款设计有独特亮点得2分，共10分。 　2. 能够突破传统线元素应用方式，对服装款式有独特的塑造效果。（2分）	
	合理性 （8分）	1. 设计出的款式符合人体工程学，穿着舒适、行动方便。（3分） 2. 线元素与服装整体风格协调统一，能够增强服装的美感与时尚感。（5分）	
效果图 绘制 （10分）	美观性 （5分）	1. 效果图整体视觉效果美观，能吸引观众目光。（3分） 2. 对服装材质、光影等有一定的表现，具有产品的真实感和立体感。（2分）	
	准确性 （5分）	1. 服装款式表达清晰准确，能够完整呈现线元素在服装上的设计细节。（3分） 2. 人体比例正确，服装穿着效果符合人体工程学。（2分）	

改进建议：

● **得分总评**

知识冲浪分值：＿＿＿＿＿＿　　　技能演练分值：＿＿＿＿＿＿　　　评价人：＿＿＿＿＿

任务四　掌握服装造型中面的设计及应用

　服装中面与面的组合塑造出三维立体空间，面的多样性使其成为服装造型设计中最具量感的设计要素。

一、面的定义

　从几何角度讲，线的转动产生了面，面具有一定的位置、一定长度和宽度，是立体的界限。

二、面的形态

（一）几何形面

1. 定义

几何形面是指由几何形状所定义的二维表面。

2. 类别

（1）几何直线形面　包括正方形、矩形、三角形、梯形等符合数学形式的图形。具有简洁、明了、规整、安定、理性、有秩序的特点。

（2）几何曲线形面　形式有圆形、椭圆形、扇形等。具有规范、圆润、有秩序、饱满的特点。

（二）自由形面

1. 定义

没有任何数理关系约束下形成的面，具有复杂性、多样性、偶然性的特点，具有轻松、生动、变幻的艺术特征。

2. 类别

（1）自由直线形面　具有锐利、敏捷、利落、运动的特点。
（2）自由曲线形面　具有花哨、妩媚、流动、柔美、变幻的特点。

三、面的属性

（一）直线形面——男性化

直线形面以其庄重、规范、硬朗、利落的外观特点在男装款式设计中使用较为广泛。比如西装、中上装、夹克衫等男装单品，从外部轮廓到局部，多以直线形面来组成（如图2-67）。

（二）曲线形面——女性化

曲线形面具有圆润、柔和、弹性、流畅的艺术特点，非常适合女性的形体特征和气质气韵，因此适于女装款式设计。如圆浑丰满的灯笼裙、圆摆裙、大圆领、泡泡袖等（如图2-68）。

图 2-67　直线形面在男装中的应用　　　图 2-68　曲线形面在女装中的应用

（三）自由形面——时尚前卫

自由形面打破了规范的法则，尖锐、冲突、多变的特点使其运用在服装中，呈现出解构、时尚、前卫、运动的艺术特点（如图2-69）。

四、面在服装造型设计中的应用

面在服装造型设计中的应用体现在对应人体各部位的局部造型。人体由头部、颈部、躯干、上肢、下肢五个部分构成，依据人体构造和适应活动的设计需求，服装分为上装和下装，因此围绕颈部、上肢、躯干部位形成7个上装面、围绕下肢形成2个下装面（如图2-70），还有1个兼具装饰与实用效果的附加面。

图 2-69　自由形面在服装中的应用

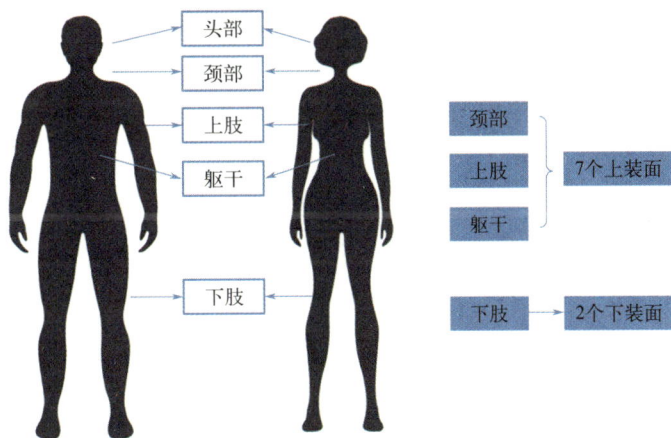

图 2-70　人体与面的对应关系

（一）上装面的设计应用

围绕人体颈部、上肢、躯干部位的面型设计称为上装面的设计，包括 7 个部分，分别是领面、肩面、前襟面、胸面、腰面、背面和袖面（如图 2-71）。7 个面经过联合、分离、叠加等组合形式形成适合人体构造的上装款式设计变化。

1. 领面设计

（1）定义　领面设计又称领子设计，是指围绕人体颈部的 4 个基准点，即颈窝点、颈椎点、左右颈侧点进行的局部面的设计。

（2）功能　领是上装的最高视觉点，是人们艺术视觉流程中的第一感觉形象，对穿着者的脸型、发型、颈部起到形象衬托作用。另一方面，它具有冬季抵御寒冷，夏季透气散热的实用功能。

图 2-71　7 个上装面

（3）类别

① 无领设计。无领设计亦称领线设计，领口线的造型即为领型。其特点是形态丰富、简洁自然、工艺简单、适应面广。它广泛用于各类夏装、休闲外套、贴身内衣和礼服等服装品类设计中。

分类：一字领、圆领、方形领、V 领、盆领、袒肩领等（如图 2-72～图 2-75）。

图 2-72　一字领　　　　　　图 2-73　圆领　　　　　　图 2-74　V 领

设计要点：

a. 领线形态的设计。包括规则形和不规则形。规则形如直线、曲线、折线领，不规则形由不同线形组合而成（如图 2-76）。

b. 领缘装饰的设计。使用镶边、滚边、贴边或用珠片、花边、饰带、刺绣等多种技法进行装饰（如图 2-77）。

图 2-75　袒肩领　　　　图 2-76　不规则领线设计　　　　图 2-77　装饰无领设计

② 立领设计。立领又称竖领，领面呈竖立状包围颈部，更好地衬托脸部、修饰颈部，具有端庄严谨、优雅合体的特点。我国旗袍、中式便服中最具标志性的设计就是立领设计，具有浓郁的东方韵味。

分类：

a. 从结构上分连身立领、装立领。

b. 从倾斜角度上分内倾式、竖直式、外倾式。

c. 从领子高度分高立领、中立领、低立领（如图 2-78、图 2-79）。

设计要点：

a. 领口的形状。方、圆、曲、直的设计变化。

b. 领部的装饰。采用刺绣、拼接、夸张等设计手法。

中式立领设计

图 2-78　连身高立领、外倾高立领

图 2-79　中立领、内倾中立领

师生互动

同学们，立领作为中国传统服饰元素之一，受到许多中外服装设计师的青睐，他们是如何将立领应用在现代服装设计中的？请举例进行说明。

③ 平领设计。平领又称趴领，是指领面从领圈向外翻出平贴于肩部的领型。平领具有柔软、舒展的特征，常用于女装与童装的设计中。

分类：披肩领、海军领、娃娃领、波浪领、连帽领、系带领等（如图 2-80～图 2-83）。

图 2-80　海军领

图 2-81　娃娃领

图 2-82　波浪领

图 2-83　连帽领

设计要点：

a. 领面大小与形态的变化。

b. 领面装饰手段的应用。

c. 领面材质的选择与组合。

④ 翻领设计。是一种领面通过领底座向外翻折所形成的领型设计，具有大方端庄、立体感强的特点，广泛应用于不同季节的服饰领式（如图 2-84）。

分类：衬衣领、中山领等。

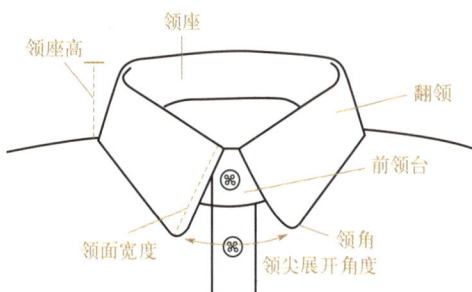
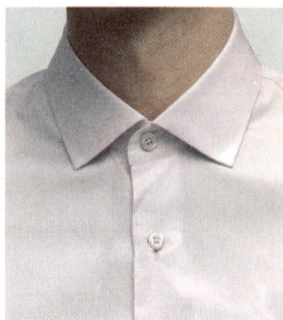

图 2-84　衬衣领

设计要点：

a. 翻领面的大小、宽窄。

b. 领角的形状，如方角、圆角、尖角等。

c. 领面装饰手法的应用。

⑤ 驳领设计。驳领又称西服领，由领座、翻领与驳头三部分组成，是衣领与驳头相连并一起向外翻折的领面造型。驳领的结构复杂，工艺考究，具有大气、庄重、舒展、平挺、洒脱的设计效果。它多用于西式上装、大衣、男士社交礼服、职业装中。

分类：

a. 平驳领。是指驳头与领子的连接线平直，驳头与领角形成一个约 90°的缺口，它是单排扣西服的专用驳头形式，是最传统最常见的驳领（如图 2-85）。

b. 枪驳领。是指驳头与领子之间没有缺口，连接线呈 "V" 字形，驳头好像 "枪头"。它是双排扣西服的专用形式，时尚且大气（如图 2-86）。

图 2-85　平驳领　　　　　图 2-86　枪驳领

c. 青果领。又称连挂面驳领，其特点是领子、挂面、驳头相连，翻领领面与驳头间没有接缝线。领面的外沿线呈现流畅的弧线,形似青果形状,具有浓郁的英伦风格(如图2-87)。

　　d. 蟹钳领。蟹钳领也是驳领的一种变化设计。其特点是翻领领面与驳头之间互不相连、形成空缺,外形好似蟹钳一般,故得此名。蟹钳领呈现轻松、休闲、灵活之感,与庄重的平驳领形成了对比(如图2-88)。

图 2-87　青果领

图 2-88　蟹钳领

　　设计要点:

　　a. 领开口的位置、深浅变化。

　　b. 领面的形状变化(宽窄、长短、曲直)。

　　c. 翻折线与串口线的角度变化。

　　d. 驳头的形状。

　　2. 肩面设计

　　(1)定义　围绕人体肩部特征形成的面型设计,服装肩面的造型与人体肩部的肩宽、肩斜有直接的关系。

　　(2)功能　具有支撑服装的作用,是决定上装外部廓形的重要设计部位。

　　(3)类别

　　① 自然肩面。自然肩面是指上装的肩面造型与人体自然肩宽、肩斜度相契合的肩面形态。它给人以自然、合体和优雅的感觉(如图2-89)。

图 2-89　女装自然肩面

　　② 平宽一字肩面。平宽一字肩面是在肩部标准尺寸的基础上进行放大和加宽,配置垫肩,或采用硬挺的材质使肩部呈现饱满而平挺的外形,与汉字"一"相仿。它用于男装强调肩部的宽厚感,用于女装凸显出洒脱、干练的设计观感(如图2-90)。

　　③ 掉肩面。掉肩面又称拖肩型。它通过放大肩部的尺寸,增长肩缝线,形成肩部自然下塌的外观,一般配置宽大的袖子,给人以休闲、随意、舒适自如之感(如图2-91)。

　　④ 鹅毛翘肩面。鹅毛翘肩面是通过抬高、加宽人体肩峰点的设置,利用归拔或拼缝等工艺手段,使肩面呈现出如鹅毛般弯翘浮起的曲线造型,具有俏丽而洒脱的特点(如图2-92)。

　　⑤ 狭肩面。狭肩面是故意消减标准肩的宽度,使肩外形缩小,配置泡泡袖,富有甜美、可爱、娇媚的古典风格,常用于少女装、小礼服(如图2-93)。

　　3. 前襟面设计

　　(1)定义　前襟面是指上装前中部位的设计,又称门襟设计。

　　(2)功能　是上装款式造型中的重要组成部位,是服装的门户设计,不仅决定了服装的闭合方式，而且还影响了上装前衣身的比例关系与装饰效果。

图 2-90　平宽一字肩面

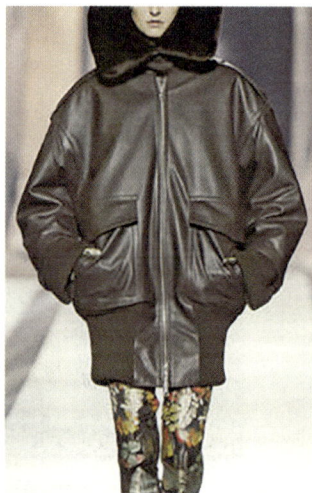

图 2-91　掉肩面

图 2-92　鹅毛翘肩面

图 2-93　狭肩面

（3）类别

① 叠门襟设计。

款式特点：叠门襟是左右衣片叠合而形成门襟面，是最常用的一种形式，具有庄重、大方、得体的设计特点，适用于不同类别、不同季节的服装（如图 2-94）。

设计要点：

a. 叠门量的多少，决定了单排和双排纽扣两种扣系方式。

b. 左右衣片叠合的次序，男装一般为左衣片叠在右衣片上，女装相反。

c. 衣片边沿的形态与闭合方式，可挖纽洞或做暗襟，可配以明纽、暗纽。

② 对襟设计。

款式特点：指上装的前门襟左右衣片并合不重叠的设计，具有运动感与民族感（如图 2-95）。

设计要点：

a. 扣系的方式，分为拉链对襟、套纽对襟、盘纽对襟、系带对襟等。

b. 利用衣片边缘的装饰。

图 2-94　叠门襟

图 2-95　对襟

③ 偏襟设计。

款式特点：偏襟是指上衣的左或右前衣片的偏向相异方向，形成左右不对称的门襟面的设计构成，具有时尚感（如图 2-96）。

设计要点：

a. 衣片偏出的方向，根据款式特点向左或向右偏出。

b. 偏出衣片的大小和面积，决定了整个服装的平衡感，因此偏出衣片的位置与形态至关重要。

c. 偏襟的外沿边线形态设计，可以是直线、弧线或不规则线。

④ 覆盖襟设计。

款式特点：覆盖襟是指在原有门襟样式的基础上，再将另一门襟面料覆盖在原有门襟上的设计。覆盖襟的设计常用在工装、运动装和冬季服装上（如图 2-97）。

设计要点：

a. 覆盖襟的宽窄、形态设计。

b. 覆盖襟的材质与色彩设计。

图 2-96　偏襟设计

图 2-97　覆盖襟设计

艺海拾贝： 独特的中式偏襟——琵琶襟

琵琶襟是在清代女服马甲中流行的一种门襟样式，具体款式形式是门襟面向右侧偏出，接近衣片下摆处，左右不平齐，左边比右边略短，整个门襟面的造型如中国古典乐器琵琶的形态（如图2-98）。琵琶襟整体造型经典大方，穿着简便，其实用性和美观性体现在以下四个方面。

独特的中式偏襟——琵琶襟

图 2-98　琵琶襟马甲

1. 均衡的形式美

琵琶门襟线闭合位置在上装衣片前中线和侧缝线的约二分之一处，此位置是上装衣身结构的黄金分割部位，经过人体的肩部、胸部、腰部等凹凸部位，形成右衽偏襟造型，虽然没有像公主分割线将肩省、胸省、腰省连省成缝的立体呈现，但通过非对称式的均衡之美，将女性的婀娜体态含蓄委婉地展现出来。

2. 流畅的线条美

琵琶门襟边缘线由四段线条组合而成，分别是接近领围的弧线、偏出门襟的折线、与前正中线重合的直线和门襟下摆的弧线。四段曲与直、长与短的线条经过流畅的起承转合，将简约、大气、干练、柔美的特点完美融合。

3. 精湛的工艺美

琵琶门襟的工艺手法包括织金缎边、镶滚工艺、缂丝工艺和刺绣工艺等。其中镶滚工艺采用最为广泛，在琵琶襟、袖口、底摆等部位镶贴不同数量、不同花色、不同宽窄的长条织物。清代女装从三镶三滚、五镶五滚发展到十八镶滚，可谓纹样纷繁，层次丰富，甚至可以通过镶滚花边的繁简程度，显示穿着者的社会地位和家境状况。

4. 惊艳的配色美

琵琶襟色彩搭配十分考究，采用对比与调和法则，衣身的色彩和图案与琵琶襟缘饰的色彩与图案形成三种经典配色组合：衣身亮色和缘饰深色、衣身深色和缘饰亮色、衣身和缘饰都为亮色。常见的配色组合有碧蓝＋黑色、宝蓝＋苍青、蔚蓝＋靛青等。

⑤ 开襟设计。

款式特点：上衣前中部位故意造成空缺而形成的门襟面就是开襟，常用于合体、紧凑的女上装设计中，它不仅突出人体胸部的饱满感和曲线，还与内衣的设计互相映衬，形成整体造型的层次感与生动感（如图2-99）。

设计要点：

a. 开襟要与内衣的设计形成色彩、材质、装饰手段上的相互呼应。

b. 开襟边沿线的形态与装饰效果。

⑥ 装饰襟设计。装饰襟是在对襟、叠门襟、偏襟等门襟样式的基础上，采用镶拼、滚嵌、绣绘、褶皱、镂空、悬垂等装饰手段，使门襟部位展现出更加丰富多彩、富有变化的装

饰效果（如图 2-100）。

图 2-99　开襟设计

图 2-100　装饰襟设计

4. 胸面设计

（1）定义　胸面设计即以人体胸廓为基准进行的上装胸部造型设计。

（2）功能　胸面是展现服装类别与性别差异的重要设计部位。根据男性形体特点，男装胸面造型平坦，一般无明显的矫饰因素，只是在表现风格上有所差异。成年女性乳房丰腴隆起，存在明显的胸腰差数，因此女装多利用内部结构线（如胸省、腰省）设计出不同的胸面造型。

（3）类别

① 适中型胸面。适中型又称自然型，是指上装的胸面造型按照人体的实际情况进行自然的处理，既不加强也不减弱，是一种现实主义的造型方法，一般多用于男装和直身廓形的服装，显示自然、得体、大方的特点（如图 2-101）。

② 加强型胸面。加强型又称聚胸型，是指胸面的造型按人体的实际情况进行强化夸张处理，常用的设计手段有低胸、分割、省道、硬质材质的支撑、弹性材料的应用等，以此强调胸部的高度感和饱满感，凸显女性的曲线美感，因此多用于女性的晚礼服、宴会服、现代婚礼服的设计中（如图 2-102）。

③ 减弱型胸面。减弱型又称散胸型，是指服装胸面造型在人体原有特征上通过增加胸围的松量进行减弱处理，弱化性别特征，形成宽松、舒适、中性化的效果，适合于男女家居服、休闲服、外套的设计（如图 2-103）。

图 2-101　适中型胸面

图 2-102　加强型胸面

图 2-103　减弱型胸面

5. 腰面设计

（1）定义　围绕人体胸廓与骨盆之间的软组织部分的面型设计。

（2）功能　腰部是人体最重要的连接部位，人的很多活动都需要借助腰部来完成。因此上装腰面设计以柔软、舒适为主要特征，根据设计需要也可以进行腰部工艺结构、材质的处理与变化。

（3）类别

① 紧身型腰面。亦称紧腰身，是按照人体腰部原有的曲线形态进行造型，上装有全紧型腰面和半紧型腰面两种。全紧型腰面是通过腰省、分割线结构或直接采用弹性面料，使腰面紧裹于人体腰部，勾勒出人体腰部曲线。半紧型腰面是通过在腰部进行收橡筋、束带、折裥等工艺处理，使腰面呈现紧中有宽，宽中有紧的形态，有较大的灵活度（如图 2-104）。

② 直身型腰面。直身型腰面即直线腰面型，是字母 H 形外轮廓设计的重要组成部分，腰部与肩、下摆同宽，具有简洁、庄重、大方、中性的设计观感（如图 2-105）。

图 2-104　全紧型腰面和半紧型腰面

③ 宽身型腰面。宽身型腰面是故意将人体腰部的放松量加大加宽，使腰部显得松垮、宽大，展现活泼、随意、洒脱、可爱的设计特点（如图 2-106）。

图 2-105　直身型腰面

图 2-106　宽身型腰面

6. 背面设计

（1）定义　背面设计是以人体后背的结构特征为基准的上装面型设计。

（2）功能　由于服装 360° 全方位立体展示人体，背面的设计同前部一样不可小觑，背部细节的精彩演绎会让服装更显与众不同，是设计师们制胜设计的法宝。

（3）类别

① 自然背面。指服装背面的设计按照人体穿着后呈现的自然形态所构成的背型。一般无背缝，无分割线、省道线或任何装饰效果。其外观效果清晰、简洁，多用于男装设计。

② 装饰背面。指上装背面设计采用丰富的结构设计，如设有背缝、背育克、分割线、折裥等，或者采用多元装饰手段，如垂坠褶皱、交叉线条、镂空、流苏、拼接、钉珠、亮

钻、图案刺绣等，形成丰富多彩、风格迥异的设计效果，给人出其不意的视觉冲击力（如图2-107）。

图2-107　各种装饰背面

7. 袖面设计

（1）定义　袖面是包覆人体上肢部位、以筒状曲面为基本形态的面型设计，是上装造型中的重要组成部分。从结构上分析，袖面与衣身是通过袖窿和袖山进行连接的，因此在袖面的设计中，袖窿的形态及衣袖结合方式需要一并考虑。

（2）功能　对人体上肢具有保护作用并与上肢运动机能关系密切，还影响了上装的对称平衡，起到装饰美化效果。

（3）类别

① 按袖面长度分：无袖、盖袖、短袖、半袖、七分袖、长袖（如图2-108）。

无袖：长度在人体上臂顶端。

盖袖：盖住人体肩部的设计。

短袖：长度为人体上臂的1/2。

半袖：长度接近人体肘部。

七分袖：长度约为整个胳膊的3/4。

长袖：长度在手腕处。

图2-108　袖长的变化

② 按装接方法分：装袖、连身袖和插肩袖（如图2-109）。

a. 装袖。装袖是现代成衣设计中应用最广泛的袖子。它通过袖窿和袖山两部分装接缝合而成。装袖结构原理是人体肩部与手臂的结构特征，因此是最契合人体构造的袖面，具有立体感。

根据装袖的形态可以分为平装袖与圆装袖。

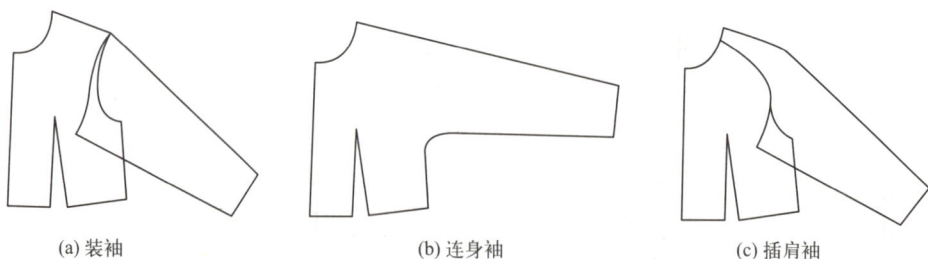

(a) 装袖　　　　　　　　　(b) 连身袖　　　　　　　　　(c) 插肩袖

图 2-109　装袖、连身袖、插肩袖

（a）平装袖。平装袖的袖山较低，袖窿弧线平直，袖根较肥，肩点下落，所以又叫落肩袖。平装袖多采用一片袖的裁剪方式，穿着自然、宽松、舒适、大方，应用于休闲装、夹克、衬衫等服装的设计（如图 2-110）。

（b）圆装袖。圆装袖是一种非常适体的袖面设计。其袖身是两片袖组合的圆筒形，袖型笔挺，具有较强的立体感，多应用于男女职业装、男士西服、中山装、礼服的设计（如图 2-111）。

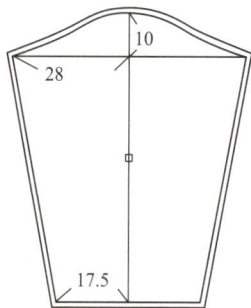

图 2-110　平装袖　　　　　　　　　　　图 2-111　圆装袖

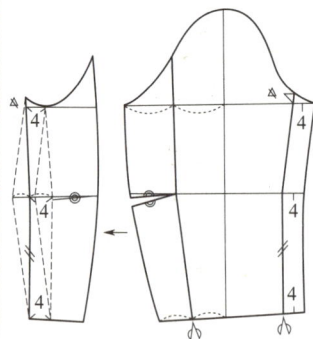

b. 连身袖。连身袖又称连裁袖、中式袖，是我国传统汉服的独特造型，由衣身和袖片连成一体裁制而成，肩袖浑然一体、自然圆顺。但是腋下会出现衣褶堆砌的现象。另一方面，连袖受到衣身的拉扯，手臂向上抬起的动作会受到限制。可以通过设计腋下袖裆，达到增加活动量的目的（如图 2-112）。

c. 插肩袖。插肩袖又称连肩袖。通过肩袖缝合线的位置转移，使肩部与袖身连成一体，插肩袖的缝线形态多变，呈斜线形、折线形、弧线形、抛物线形、肩章形、马鞍形等。插肩袖增加了肩部的宽度，提供更多的运动空间和舒适感，使肩部活动更自由，非常适合运动装和休闲装的设计（如图 2-113）。

③ 按袖面的变化形态分：灯笼袖、羊腿袖、喇叭袖、蝙蝠袖等（如图 2-114 ～图 2-117）。

（4）袖面设计要素

① 袖肩结合的方式。有连袖、装袖、插肩袖三种形式，对服装肩袖造型有着重要的作用。

图 2-112　连身袖

图 2-113　插肩袖

图 2-114　灯笼袖

图 2-115　羊腿袖

图 2-116　喇叭袖

图 2-117　蝙蝠袖

② 袖面长度的选择。可以结合季节因素和设计风格的定位进行选择与配制。

③ 袖身的设计。设计要素包括袖肥和袖型。

袖肥是指袖子的宽松程度，可以分为紧身、适中、宽身三种类型。

紧身袖紧紧包裹人体上肢，在使用过程中必须保证人体活动的舒适度和自由度，所以一般采用有弹性的材质，常用于女性美体内衣、运动服（体操服）等服装种类。适中袖按照人体上肢实际的尺寸进行适当的放松设计，既合体美观又适合人体运动，适用面较广。宽身袖又称阔绰袖，袖型宽大，穿着舒适，适合家居服的设计。

袖型即袖身的造型，可以进行多种形态与装饰手段的应用。

④ 袖口的设计。

按袖口的装饰效果分：

a. 普通袖口。无特殊装饰效果。

b. 装饰袖口。运用花边、袖克夫等装饰手段进行的袖口设计。

按袖口的松紧程度分：

a. 紧袖口。通过罗纹设计 、橡皮筋、束带使袖口收紧，设计干净利落便于活动，适用于夹克、衬衫、运动服。

b. 中袖口。松度适中，使用范围最广泛。

c. 宽袖口。袖口宽大松弛，显示出雍容华贵的风范。

⑤ 材质与装饰手段。除了连身袖、平装袖、插肩袖与衣身相互独立，在材质的选择上可

以采用同质化或异质化的组合方式。此外，袖面还可以通过增加装饰细节提升设计效果（如图 2-118）。

图 2-118　装饰袖面

（二）下装面的设计应用

围绕人体腰部以下部位的面型设计称为下装面的设计，对应人体下肢的形态特征，从款型上分为裤面和裙面设计。

1. 裤面设计

（1）定义　又称裤装设计，一般由裤腰、裤裆、两条裤腿组合而成。

（2）功能　具有便于穿用、易于活动、简洁美观、适用性广的特性，是穿着率高、老少咸宜的服装品类。

两大下装面的
设计

艺海拾贝： 中国裤装的演变与发展

中国裤装的发展经历了从胫衣到合裆裤的过程。裤装的出现，打破了汉服中"上衣下裳"的单一服饰格局，丰富了古代服饰形制，同时也是不同民族文化碰撞与融合的展现。

自商周时期，汉民族的裤子不分性别且无裤裆和裤腰，只有两只裤管，穿时只包裹两条小腿，也就是胫部，因此，又称为"胫衣"。到了春秋时期，赵武灵王为增强士兵的战斗力，推行"胡服骑射"，弃"裳裳"效"胡服"，提倡士兵穿合裆裤，从而谱写了中原学习北方民族的崭新篇章，革新了古代服饰制度。从此，合裆裤成为军队和民间常见的外衣。裤装在魏晋时期得到进一步发展和完善，最为风行的是"裤褶"套装，其中"褶"是指紧身的短衣，下身的"大口裤"称为"裤"。随着唐代开放包容、兼收并蓄理念的推行，民族交流频繁、多元文化交融，出现了"大口裤""小口裤""灯笼裤"等丰富多彩的裤子形式。进入宋代，"程朱理学"的推崇使得这一时期的服饰特点褪去了唐代的奢华，取而代之为朴素、淡雅而内敛，服装更为实用，出现了"膝裤"的形式。进入明清时期，随着人们生活节奏日益加快，着装方式也发生了变化。中上层阶级平常在家中可以不穿袍褂，只穿衫、裤。在平民百姓中，裤装是主要的服装形式。

中国裤装的演
变与发展

（3）分类

① 按性别分：男裤、女裤（如图 2-119、图 2-120）。

图 2-119 男裤设计

图 2-120 女裤设计

② 按长短分：超短裤、短裤、中裤、七分裤、八分裤、九分裤、长裤（如图 2-121、图 2-122）。

③ 按裤型分：烟管裤、百慕大短裤、阔脚裤、马裤、喇叭裤、西式直筒裤、哈伦裤、垮裆裤、小脚裤、灯笼裤等。

（4）裤面设计要素

① 腰头设计。腰头是下装面的重要组成部分，它的宽窄和形状不仅影响下装的外观效果，而且决定了腰部的舒适度。

a. 腰位的高低。根据人体正常腰位线，可分为低腰位、标准腰位、高腰位。腰位的高低决定上下身的比例关系，起到调节身高的作用（如图 2-123）。

图 2-121 短裤、中裤

图 2-122 七分裤、八分裤、九分裤、长裤

b. 装接的方式。装腰、连腰、半连腰式。装腰设计是将单独裁制的腰头与裤或裙缝合连接；连腰设计是腰身与裙片或裤片直接连裁，依靠收省或打褶的方法收紧腰部；半连腰设计即在设计中采用装腰与连腰组合的形式，设计活泼富于变化（如图 2-124）。

② 立裆设计。立裆也称直裆或者上裆，是腰头上口到裤腿分叉处的垂直长度。立裆长短直接影响裤子的合体程度、造型特点、运动功能及舒适性，一般可以分为短裆、合体裆和掉裆（如图 2-125）。

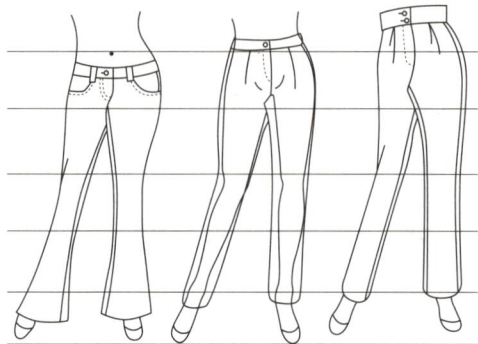

图 2-123　腰位的高低

图 2-124　装腰、连腰、半连腰式

图 2-125　短裆、合体裆和掉裆

图 2-126　装饰裤面设计

③ 裤长和裤型设计。指裤子长短和裤子外形的设计。

④ 装饰设计。采用工艺手段，如分割、褶裥、开衩、面料拼接等形式，或者运用艺术手段，如刺绣、加流苏、花边、钉珠、镶钻、贴片等，使裤面的装饰效果更丰富、生动（如图 2-126）。

2.裙面设计

（1）定义　又称半裙装设计，是由腰头和裙面组成的无裆缝、围裹式服饰。

（2）作用　裙装是女性服饰中必不可少的品类，是古今中外在正式场合中女士着装的首选，可勾勒出优雅、时尚、动人的女性形象。

（3）分类

① 按长度分：超短裙、短裙、中裙、中长裙、长裙、曳地长裙（如图 2-127）。

图 2-127　不同长度的裙面

② 按裙型分：西装裙、喇叭裙、灯笼裙、育克裙、塔裙、裹裙、鱼尾裙等（如图 2-128）。

图 2-128 不同的裙面设计

师生互动

同学们，请说出图 2-128 中裙型的类别及特点。除此之外你还可以列举出其他的裙型吗？

艺海拾贝：汉服仙葩——马面裙

汉服仙葩——
马面裙

马面裙是汉族最具标识性的传统服饰之一，属于中国传统服装形制"上衣下裳"中的"下裳"系列。马面裙以其经典的样式、独特的结构、精美的刺绣、吉祥的图案，在众多的古典裙装中独树一帜，受到几代人的青睐（如图 2-129）。

马面裙的雏形是宋代旋裙，到明代形成了相对固定的结构，由前后裙门、裙联、裙胁和腰头 4 个部位组成，采用前后裙片开衩叠合的组合形式。人体穿着时，呈现在外部的为外裙门，藏于内部的是内裙门，内外裙门之间的矩形结构是裙联，裙两侧的捏褶处则是裙胁。裙上端以缠带束腰形式起到固定作用。这样的设计美观而实用，无论活动行走还是坐卧起居都十分方便。进入清代，马面裙达到了发展的顶峰，出现了拼缝、围系、叠褶、门襟、包边等多种工艺装饰手法，衍生出百褶裙、鱼鳞裙、阑干裙、月华裙、凤尾裙等各具特色的马面裙式样。

图 2-129 马面裙

（4）裙面设计要素

① 腰头设计。裙腰的设计与裤腰设计基本一致，从腰位高低上可以分为高腰、中腰、低腰，从工艺特点上可以分为连腰、上腰，从装饰效果上可以分为普通腰型、装饰腰型。

② 裙长与裙型设计。

③ 装饰设计。可以采用分割、褶裥、开衩、面料拼接、斜裁、刺绣、流苏、花边、钉珠、镶钻、贴片等多种形式与技法，使裙面造型呈现出风格迥异的特点（如图 2-130）。

图 2-130　各类装饰裙面

（三）附加面的设计应用

附加面设计是在上装面和下装面上添加的具备装饰和实用功能的面型设计，最常用的形式为袋面设计。

1. 袋面的分类

（1）按工艺特点分　贴袋、插袋、挖袋等。

① 贴袋。即贴缝在衣片表面的袋型，其工艺简单、变化丰富、装饰性强。贴袋分为平面贴袋、立体贴袋、风琴褶式贴袋。从形态上分为几何型、仿生型、卡通型等。它适用于猎装、牛仔装、童装、中山装和休闲装（如图 2-131）。

② 插袋。也称内缝袋，是在服装拼接缝间（如衣身侧线、公主线、裤缝线）制作的一种口袋造型，一般比较隐蔽，实用功能较强。在插袋的基础上可以采用缉明线、加袋盖、镶边条等装饰手段（如图 2-132）。

③ 挖袋。挖袋又称暗袋，是指在衣片上裁出袋口形状，袋身则缝在衣身里，最大程度上保持服装外表的光洁。挖袋有单嵌线和双嵌线之分，也可以加袋盖。挖袋的形式又包括横向挖袋、纵向挖袋和斜向挖袋（如图 2-133）。

图 2-131　贴袋设计　　　　图 2-132　插袋设计　　　　图 2-133　挖袋设计

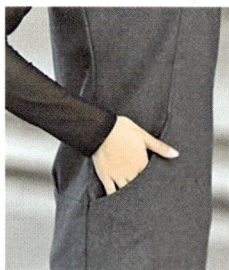

（2）按用途分　上装袋、裤袋、裙袋、袖袋、表袋、手巾袋等。

（3）按装饰特征分　拉链袋、装袢袋、镶拼袋、缀皮袋、叠裥袋、贴花袋、绣花袋。

2. 袋面设计的要素

（1）袋面的工艺与用途选择　袋面的类型与用途、数量与组合形式要与服装主题风格相协调。比如挖袋与插袋适用于庄重严谨的服装，而贴袋具有活泼、装饰性强的特点，与童装、休闲装、运动装相得益彰。

（2）袋面的尺寸与位置选择　为保证衣袋的实用性，口袋尺寸的设定以成人手掌的长度与宽度为依据。口袋的位置，一般在人体上肢活动的范围之内。比如上装袋通常放在腰围线和臀围线的1/2处，下装袋常放在左右胯部和臀部。

（3）袋面的色彩与材质选择　口袋的色彩与材质可以采用与服装主体同质同色、同质异色、异质同色、异质异色的设计方法，达到点缀和美化整体服装造型的效果。

学习竞技台

● 知识冲浪（30分）

将正确的选项填在括号里，每题 3 分，共计 30 分。

1. 关于"面"元素的设计特征，下列说法正确的是（　　）。

A. 面有一定的位置、一定的长度与宽度，是立体的界限

B. 面的形态包括几何形面和自由形面

C. 直线形面多用于男装，曲线形面多用于女装

D. 面可以转换为服装的零部件设计

2. 立领设计的特点有（　　）。

A. 领面呈竖立状包围颈部，具有端庄严谨、优雅合体的特点

B. 常用于我国传统的旗袍、中式便服设计中

C. 从结构上分为连身立领和装立领

D. 领部紧贴颈部周围称为外倾式立领

3. 袖面设计的要素有（　　）。

A. 袖肩的结合方式　　　　　　　　　　B. 袖面长度的选择

C. 袖身和袖口的设计　　　　　　　　　D. 材质与装饰手段

4. 右图两款服装面型设计的相同之处有（　　）。

A. 都是驳领设计

B. 都是叠门襟

C. 都是插肩袖

D. 都是散胸型

5. 利用服装拼接缝间制作得比较隐蔽，具有较强的实用功能的袋面造型是（　　）。

A. 贴袋

B. 插袋

C. 挖袋

D. 里袋

6. 裤面设计中立裆是指（　　）。

A. 腰头上口到裤腿分叉处的垂直长度　　B. 腰头上口到膝盖处的长度

C. 腰头上口到大腿二分之一的长度　　　D. 腰头上口到大腿根的长度

7. 连身袖的特点有（　　）。

A. 又称连裁袖、中式袖，是我国传统服装中的独特造型

B. 由衣身和袖片连成一体裁制而成

C. 连袖受到衣身的拉扯，手臂向上抬起的动作会受到限制且无法改进

D. 由于腋下有多余的布料，会出现肥大和衣褶堆砌的现象

8. 中式服装特有的琵琶襟属于门襟面中的（　　）。

A. 叠门襟

B. 偏襟

C. 覆盖襟

D.对襟

9. 右图两款服装面型设计的相同之处有（　　）。

A. 都是无领设计

B. 都是高腰设计

C. 都是蝙蝠袖

D. 都是直腰身设计

10. 形成"加强型胸面"的设计手段有（　　）。

A. 运用多层面料的叠加

B. 运用服装胸部的分割和省道

C. 运用硬质材质的支撑

D. 运用低胸的设计

● 技能演练（70分）

1. 在下列原有款式的基础上，按设计要求进行面元素变化设计练习，以平面款式图的形式展现。

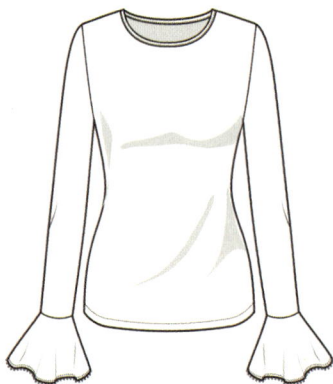

设计出 10 款不同的领面　　　　　　　　设计出 10 款不同的门襟面和袖面

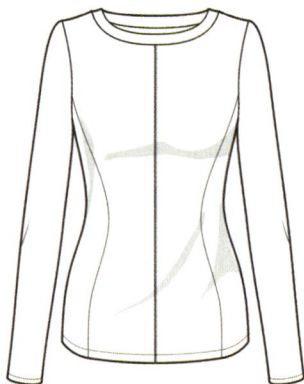

2. 运用下装面的设计要素，结合流行时尚，设计并绘制出 15 款裤面、15 款裙面，表现形式不限。完成要求如下。

①分析款式特点：对图片服装款式的功能、类别进行分析，明确服装的穿着美感和整体协调性的内在联系。

② 设计练习要求：完成规定的 10 款领面、10 款门襟面、10 款袖面、15 款裤面和 15 款裙面设计，领面、门襟面、袖面、裤面和裙面的设计新颖独特，具有创新性思维，创造出多样化的视觉效果。

③ 作业提交要求：手绘或电脑绘图均可，在规定时间内提交 8 开款式设计稿或 A3 打印稿，服装款式细节表达清晰准确，能够完整呈现面元素在服装上的设计变化，契合服装的款式特点和风格。

● 任务评价

《面元素的设计应用》技能演练项目评分表

设计者：　　　　　　　　班级学号：　　　　　　　　最终得分：

一级评价指标	二级评价指标	评价观测点	得分
作业完成情况 （25分）	数量达标 （10分）	1. 完成规定的 10 款领面、10 款门襟面、10 款袖面、15 款裤面和 15 款裙面设计，每少一款扣 1 分。 2. 额外完成且质量合格的设计款式，每多一款加 0.5 分，最高加 3 分	
	形式规范 （15分）	1. 平面款式图绘制符合规范，比例准确，线条清晰。（5分） 2. 款式图包含必要的标注，如尺寸、面料、工艺等说明清晰完整。（5分） 3. 整体排版合理美观，页面整洁。（5分）	
设计创意与合理性 （30分）	创意性 （25分）	领面、门襟面、袖面、裤面和裙面的设计新颖独特，具有创新性思维，创造出多样化的视觉效果，每款设计有独特亮点得 0.5 分，共 50 款，满分 25 分	
	合理性 （5分）	1. 设计出的款式符合人体工程学，穿着舒适、行动方便。（3分） 2. 考虑到实际生产和制作的可行性，如面料选择、工艺难度等。（2分）	
效果图绘制 （15分）	绘制规范 （8分）	1. 线条流畅、粗细均匀，款式绘制准确，无明显结构错误或瑕疵。（4分） 2. 色彩搭配协调（若有上色要求），能够突出面元素设计并增强视觉效果。（4分）	
	效果呈现 （7分）	1. 服装款式细节表达清晰准确，能够完整呈现面元素在服装上的设计变化，契合服装的款式特点和风格。（4分） 2. 具有良好的视觉感染力，人体比例正确，服装穿着效果符合人体工程学。（3分）	

改进建议：

● 得分总评

知识冲浪分值：　　　　　　技能演练分值：　　　　　　评价人：

任务五　掌握服装造型中体的设计及应用

"体"是点、线、面的集合体，是服装造型从二维平面向三维立体效果的转化，展现服装的空间构成。

一、体的定义

面与面的组合形成了体，体具有一定的广度和深度，属于三次元空间。

二、体的类别

（一）服装的"雕塑体"

1. 定义

借助"雕塑品"的艺术特点，采用柔软的纺织品和合理的结构，形成具有流畅、简洁、适于生活与运动的服装"体"的设计，给人体提供舒适、自然、自如的服装空间构成。

2. 特点

（1）"雕塑体"服装充分重视人体生理构造，以人体特征为设计依据，服装构造自然、适体。

（2）"雕塑体"服装的构成材质以纺织品材料为主，柔软舒适。

（二）服装的"建筑体"

1. 定义

通过对各种衬垫物、支撑物或非常规材质的应用与组合，形成外观坚硬、棱角分明的服装"体"设计。

2. 特点

（1）"建筑体"服装有硬朗的廓形、庞大的体量、非常规的服装结构，能够脱离人体而独立存在。

（2）"建筑体"服装的构成材质包罗万象，非纺织品材料比比皆是。

三、体在服装造型中的设计方法

由于"雕塑体"和"建筑体"呈现出不同的服装空间观感（如图 2-134），因此在进行服装造型设计时，可以根据设计的类别与要求选择不同的服装"体"。

图 2-134　服装"雕塑体"和
"建筑体"

（一）"雕塑体"的设计方法

"雕塑体"是以人体为中心进行的服装"体"式造型，它以顺应人体曲线、满足生理需求为走向，最终达成人体与服装"体"之间相互依存、相互衬托、和谐共生的关系，这种实用为先、舒适为主的服装"体"非常适合职业装、生活装的设计。

1. 缠裹设计法

以人体肩点、腰点为闭合点，直接用服装材质进行围裹、缠绕、固定后的造型方法（如图 2-135）。缠裹设计法是一种古老的服装造型方法。古埃及围裙、古巴比伦"坎迪斯"、古希腊"希玛申"等都属于缠裹式服装。缠裹设计具有自由流动的褶裥线条，呈现随意、自然、裸露、富于变化的艺术特点。

2. 体形设计法

根据人体形体的构造特点，选用不同的面型进行组合，形成上下贯通的连体式或上下分开的上、下装服装造型（如图 2-136）。这是目前最普及、最实用的设计方法。

图 2-135 缠裹设计法　　　　　　图 2-136 体形设计法

（二）"建筑体"的设计方法

"建筑体"淡化对人体的模仿，更多地去挖掘服装"体"自身的构架，人体与服装"体"之间相对独立，人体更多成为展示服装的道具。因此量感十足、空间庞大的"建筑体"是创意装、前卫装、戏剧舞台装的设计首选。

1. 叠加设计法

将基本造型做重叠处理。叠加以后的造型会改变基本造型的原有特征，其形态由叠加而得的新造型而定（如图 2-137）。叠加造型法能使服装形态变得庞大、丰满，具有丰富的层次感与张力。

2. 撑垫设计法

在服装不同部位通过用硬挺材料，如皮革、金属、塑胶等，或是填充絮棉、羽绒、动物绒材料，达到支撑或铺垫的作用，呈现硬朗的廓形特点（如图 2-138）。

3. 附加设计法

把形态各异的附属物作为服装必需的部分，在服装表面上进行一定数量的添加，形成夸张、另类的造型（如图 2-139）。

图 2-137 叠加设计法　　　　图 2-138 撑垫设计法　　　　图 2-139 附加设计法

学习竞技台

● 知识冲浪（30分）

填空，每空2分，共计30分。

1. 通过 _____、_____、_____ 之间的交叉、联合、减缺、叠合等组合方法与形式，创造出不同的服装"体"式，综合表现为服装 _____ 与服装 _____。

2._____ 是以人体为中心进行的服装"体"式造型，这种实用为先、舒适为主的"体"式非常适合 _____、_____、_____ 的设计。

3._____ 服装不刻意遵从人体生理构造，其建筑结构可以使之脱离穿着者的身体而独立存在。

4. 通过 _____ 和 _____ 形成服装的"建筑体"。

5. "建筑体"的设计方法有 _____ 、_____ 和 _____。

● 技能演练（70分）

1. 分析下列两款设计"体"的类别及特点。（20分）

款式一　　　　　　款式二

服装"体"的类别及特点分析单

班级：		姓名：		学号：	
款式一（10分）	服装风格		体的类别		设计方法运用
款式二（10分）					
分析结论					

2. 根据"建筑体"的艺术特点，在款式一和款式二的基础上，运用"叠加设计法"和"附加设计法"进行"建筑体"变化设计练习各2套，表现形式不限。完成要求如下。（50分）

① 分析款式特点：对图片服装款式功能、类别进行分析，明确服装的穿着美感和整体协调性的内在联系。

② 设计练习要求：运用"叠加设计法"和"附加设计法"完成规定的 2 套 "叠加设计法"和2套 "附加设计法" 设计作品，具有独特的创意和新颖性，能巧妙地将 "建筑体" 的艺术特点融入服装款式中。

③ 作业提交要求：手绘或电脑绘图均可，在规定时间内提交 8 开款式设计稿或 A3 打印稿，服装能够清晰地表现出 "叠加设计法" 和"附加设计法"的运用细节，如叠加的层次、附加部件的形态等，展示"建筑体" 风格意境。

款式一

款式二

● 任务评价

《服装"建筑体" 变化设计》技能演练项目评分表

设计者：		班级学号：	最终得分：	
一级评价指标	二级评价指标	评价观测点		得分
作业完成情况（20分）	数量达标（10分）	1. 完成规定的 2 套 "叠加设计法" 和 2 套 "附加设计法" 设计作品，每少一套扣 3 分。 2. 额外完成且质量合格的设计款式，每多一款加 2 分，最高加 4 分		
	形式规范（10分）	1. 设计作品呈现形式（手绘效果图、电脑绘图或实物模型等）符合要求，且格式规范。（3分） 2. 设计稿标注清晰，包括设计名称、设计说明（阐述如何运用 "叠加设计法"和"附加设计法"体现"建筑体"特点）、尺寸比例等信息完整。（4分） 3. 整体排版或展示布局合理美观，整洁有序。（3分）		
设计创意与合理性（20分）	创意性（12分）	1. 每套设计作品在运用 "叠加设计法" 和 "附加设计法" 时具有独特的创意和新颖性，能巧妙地将 "建筑体" 的艺术特点融入服装款式中，如独特的形状构建、空间营造等，每套设计作品创意亮点突出可得 3 分，共 4 套，满分 12 分。 2. 突破传统思维，对"建筑体"元素在服装上的呈现方式有创新性探索，如材料创新应用等，酌情加 1 ～ 3 分		
	合理性（8分）	1. 设计出的服装款式符合人体工程学，穿着舒适、行动方便。（3分） 2. 设计能够准确地体现 "建筑体" 的风格特点，如结构的稳定性、线条的硬朗感等，且整体风格协调统一。（5分）		

一级评价指标	二级评价指标	评价观测点	得分
效果图绘制（10分）	绘制规范（5分）	1.线条流畅、粗细均匀，款式绘制准确，无明显结构错误或瑕疵。（2分） 2.色彩搭配合理（若有上色要求），能够突出"建筑体"设计特点并增强视觉效果。（3分）	
	效果呈现（5分）	1.能够清晰地表现出"叠加设计法"和"附加设计法"的运用细节，如叠加的层次、附加部件的形态等。（2分） 2.整体效果图具有良好的视觉感染力，能够展示服装的款式特点和"建筑体"风格意境。（3分）	

改进建议：

● 得分总评

知识冲浪分值：_____　　技能演练分值：_____　　评价人：_____

项目三
服装设计的灵魂——色彩设计

任务描述

应用服装色彩设计的方法与程序，结合色彩流行趋势制定校企合作服装企业的系列产品色彩设计方案，方案要符合目标市场与受众审美取向，传达出独特的时尚态度与精致品位。

学习目标

知识目标

1. 掌握服装色彩相关的专业知识。
2. 掌握服装色彩设计的方法与程序。
3. 掌握流行色的基本知识。

技能目标

1. 能够根据服装品类及风格进行色彩设计，完成色彩的搭配。
2. 能够进行流行色的分析与提取，并根据服装设计要求进行合理的应用。

素质目标

1. 坚定文化自信，善于甄别，通过取其精华、去伪存真，实现设计作品的历久弥新。
2. 学会以发展的眼光、辩证的方法去分析新事物、新潮流。

课前思考

1. 色彩在服装设计中的重要性如何体现？
2. 服装色彩与家居、绘画等其他色彩形式的根本区别在哪里？
3. 如何基于服装品牌特色进行服装的色彩设计？

重点难点

1. 重点：服装色彩设计的技法。
2. 难点：服装色彩设计方案的企划。

任务一 ▷ 探寻服装色彩的奥秘

一、服装色彩的相关定义

（一）服装色彩

服装色彩是指通过服装材料等载体，服装所呈现出的色彩搭配视觉效果。服装色彩是服装设计中不可或缺的设计要素之一，它不仅增添了服装的整体美感，表达了设计师的设计理念和情感，同时也是激发消费者购买欲望的重要手段。

（二）服装色彩形态——三原色、三间色、复色

1. 三原色

原色是不能由其他色彩组成的基本色，色彩三原色是红色、黄色、蓝色。色彩三原色是构成其他色彩的基础，经过混合可以形成所有的颜色（如图3-1）。

2. 三间色

三间色是三原色当中任何两种原色以同等比例混合调和而形成的颜色，也叫第二次色。分别是红色加黄色为橙色，红色加蓝色为紫色，黄色加蓝色为绿色（如图3-2）。

图 3-1　色彩三原色

图 3-2　三间色

3. 复色

复色是色彩的一种复杂混合，通过将两种或多种颜色混合在一起形成，呈现出更为丰富多样的色彩效果。在服装设计领域中，复色被用来创造更加有层次感和立体感的作品。

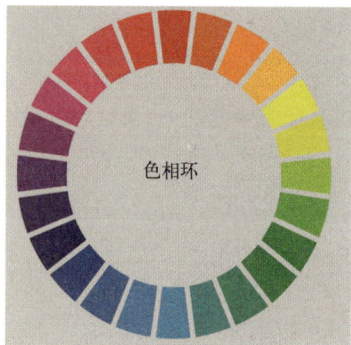

图 3-3　24色相环

（三）服装色彩三要素——色相、明度、纯度

1. 色相

色相指服装色彩的相貌，如红色、黄色、蓝色、绿色等，是服装色彩最明显的特征，反映了色彩与色彩之间的差别所在（如图3-3）。不同的文化对色相有不同的偏好和忌讳，因此在设计中要充分考虑目标受众的文化背景和习惯，选择合适的色相来传达相应的

情感和意义。

2. 明度

服装色彩所呈现的亮度和暗度被称为明度（如图3-4）。明度的高低可以通过在色彩当中加入黑色来降低，加入白色来提高（如图3-5）。在无彩色系中，白色明度最高，黑色明度最低。在有彩色系之中，黄色明度最高，紫色明度最低，绿色、红色、蓝色、橙色的明度相近，为中间明度。

图 3-4 服装色彩的明度变化

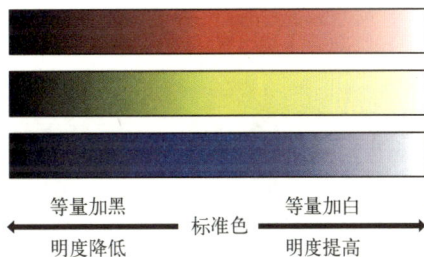

图 3-5 明度的高低

3. 纯度

纯度即饱和度，指服装色彩所具有的鲜艳和纯净程度（如图3-6）。原色具有最高的纯度，为极限纯度。当一种颜色中混入黑色、白色或其他彩色时，纯度就会发生变化（如图3-7）。高纯度色彩鲜艳、饱满、醒目，对视觉有较强的冲击力；而低纯度的色彩相对较柔和，给人一种平静、舒适的感觉。

图 3-6 服装色彩的纯度变化

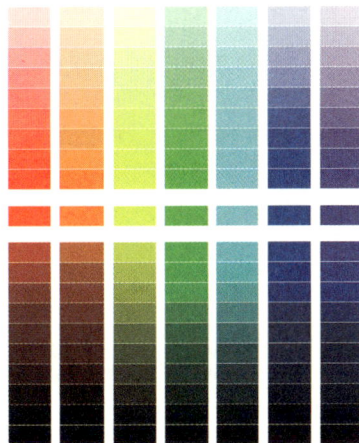

图 3-7 色彩纯度变化

（四）服装色彩系列——无彩色系、有彩色系、金属色系

1. 无彩色系

无彩色系是指黑色、白色或由这两种色彩调和而成的各种深浅不同的灰色组成的色系（如图3-8）。无彩色系的色彩只具有明度区别。在服装色彩设计中，黑色、白色、灰色被称为万能搭配色。黑色神秘、稳重，白色清新、纯洁，而灰色则是一种介于两者之间的中性色，

给人一种柔和、低调的感觉。通过合理地运用这三种色彩，可以创造出层次丰富、立体感强的服装效果，展现出一种低调而高雅的美感。

2. 有彩色系

有彩色系是指除无彩色系以外的色彩，即红色、橙色、黄色、绿色、青色、蓝色、紫色等。有彩色系色彩具有色彩的三个基本特征——色相、明度及纯度，是服装色彩中应用最广泛的色系（如图3-9）。

3. 金属色系

金属色系特指金色和银色独立出来的色系，具有光泽感和现代感。在服装设计领域中，金属色系通常与未来感、科技感等元素相结合，展现出神秘、未知、炫目的视觉效果（如图3-10）。

图 3-8　无彩色系服装　　　　图 3-9　有彩色系服装　　　　图 3-10　金属色系服装

（五）服装色彩色调——明暗、浓淡、冷暖

① 按色调的明暗程度，分为亮调、灰调和暗调。这种分类方式主要参照的是色彩明度高低。

② 按颜色的饱和度或鲜艳度，可分为鲜调、中纯度色调和灰调。

③ 按色相给人的感受，分为冷色调、暖色调和中性色调。冷色调使人产生清新、凉爽的感觉，暖色调则给人温暖、热烈的感觉（如图3-11）。

淡色色调		加大量白	冷
明亮色调		加少量白	
纯色色调		原色相	暖
浊色色调		加少量黑	
淡浊色调		加大量灰	
暗浊色调		加大量黑	冷

图 3-11　色调

二、服装色彩的属性

（一）色彩的冷与暖

根据人们在生产生活中的心理感受，色彩可以分为冷色、暖色及中性色。暖色系色彩是指红色、黄色、橙色等色，暖色系色彩带给我们如太阳与火一般的温暖感觉（如图3-12）。冷色系色彩是指青色、蓝色等色，冷色系色彩给人以大海与冰雪的冰冷感觉（如图3-13）。紫色、绿色及无彩色系属于中性色彩，没有明显的冷暖倾向。

图 3-12　暖色

图 3-13　冷色

（二）色彩的轻与重

色彩的轻重指通过视觉带给人们的重量感受。色彩的轻重感取决于色彩的明度。明度高的色彩，产生轻柔、飘浮、上升的感觉。明度低的色彩，产生沉重、稳定、降落的感觉。在构建色彩重量平衡时，需要增加"轻"的色彩面积，减小"重"的色彩面积，以此达到二者视觉重量上的平衡。

（三）色彩的软与硬

色彩的软硬感与明度、纯度有关。一般来说，高明度和低纯度的色彩有柔软感（如图3-14），高纯度和低明度的色彩都呈坚硬感（如图3-15）。中纯度的色彩也具有柔软感。在冷暖色中，暖色系较软，冷色系较硬。在无彩色系中，黑色与白色都给人较硬的感觉，而灰色则较柔软。

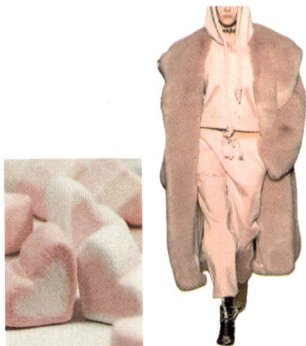

图 3-14　软色

图 3-15　硬色

（四）色彩的胀与缩

色彩的胀与缩就是人视觉感受的膨胀感与收缩感，与明度高低密切相关。高明度的暖色系、金属色系具有突出、前进、放大感，使服装的体量增大。低明度的冷色系和深色系，能够产生后退、缩小、下坠感，使服装的体量紧凑。在无彩色系中，白色显得膨胀，黑色表现收缩（如图3-16）。

（五）色彩的动与静

强烈的、充满活力的色彩是暖色系，如红色、黄色和橙色，让人联想到能量、活力、热情和行动，属于动态性格的色系。相反，柔和、沉稳的静态性格颜色，如蓝色、绿色和紫色，给人一种平静、放松和舒适的感觉（如图3-17）。此外，明度高、饱和度高的颜色更容易产生动感，而明度低、饱和度低的颜色则更容易产生静感。色彩组合间的对比度也会影响其动感或静感，对比度高的色彩组合给人更有活力的感觉，对比度低的颜色则让人感觉平静。

图3-16　色彩的胀与缩　　　　　图3-17　色彩的动与静

三、服装色彩的功能

（一）装饰性

服装色彩在服装设计中起到先声夺人的作用，和谐的色彩搭配与优美图案的组合对服装起到重要的装饰作用，是展示服装美不可或缺的组成部分。

（二）实用性

服装色彩的应用可对人心理和生理形成健康积极的影响。例如，暖色调如红色和橙色可以激发人的活力，提高新陈代谢；而冷色调如蓝色和绿色则可以使人感到平静和放松，有助于缓解压力和焦虑。

（三）情感性

每种色彩都在通过服装向人们传达着独特的情感和文化内涵。例如，红色通常代表热情和活力，给人带来温暖的感觉，是中国传统文化中象征吉祥、喜庆的颜色；绿色则代表生机和活力，给人一种清新的感觉；白色则代表纯洁和神圣，给人一种纯洁的感觉。

中国五行色彩体系

中国五行色彩学是以公元前 1 世纪的西汉末年形成的阴阳五行学说作为基础，将五行与五色，以及五行相生相克理论融合联系在一起，形成的我国一大传统色彩审美体系。该学说认为，五行（木、火、土、金、水）与色彩有以下对应关系（如图 3-18）：

木：对应青色，代表东方之色，主仁；

火：对应赤色，代表华夏之魂，主礼；

土：对应黄色，代表天地玄黄，主信；

金：对应白色，代表本元之光，主义；

水：对应黑色，代表天之颜色，主智。

五行色彩学在中国历史上有着广泛的应用，不仅体现在传统文化中，如绘画、瓷器、服饰等领域，还影响了人们的生活和审美观念。

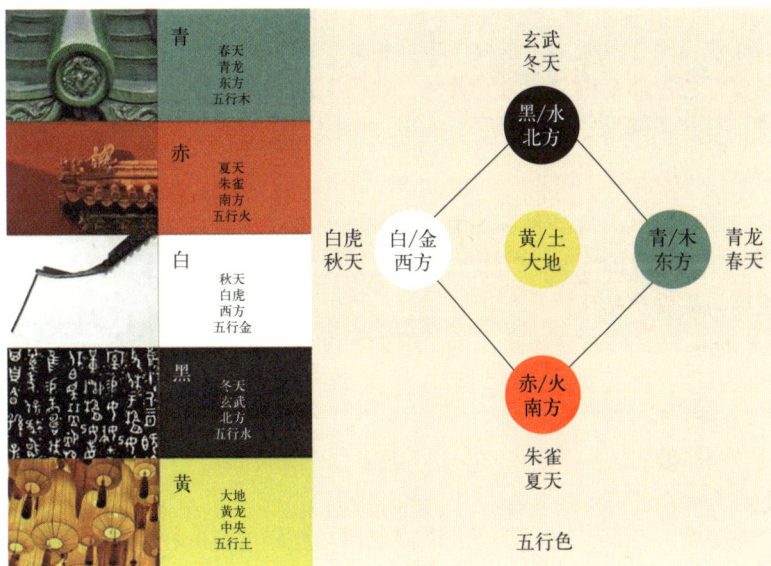

图 3-18　五行与色彩对对应关系

（四）商业性

色彩是影响服装产品销售成效的重要因素之一，合理运用服装色彩可以强化品牌形象，在满足消费者的审美需求的同时有效地提升服装产品的附加值，凸显服装的商业价值。

学习竞技台

● 知识冲浪（50 分）

一、将正确的选项填在括号中，每题 5 分，共计 30 分。

1. 在生活中常被用来表达浪漫和温柔的色相是（　　）。

A. 粉色　　　　　　B. 蓝色　　　　　　C. 绿色　　　　　　D. 紫色

2. 被称为"万能色"，可与多种颜色搭配的是（　　）。

A. 蓝色　　　　　　B. 绿色　　　　　　C. 灰色　　　　　　D. 红色

3.彩色是指视觉中有（　　）的颜色。

A.纯度 　　　　　B.明度 　　　　　C.色相 　　　　　D.对比度

4.原色可混合生成所有其他色，下列是加色混合的是（　　）。

A.红色、黄色、蓝色 　　　　　B.红色、绿色、蓝色

C.黄色、品红色、蓝色 　　　　　D.黄色、品红色、绿色

5.下列颜色不构成互补色的是（　　）。

A.红色、绿色 　　B.红色、黄色 　　C.橙色、蓝色 　　D.黄色、紫色

6.对色彩的胀与缩起到决定性作用的是色彩的（　　）。

A.纯度 　　　　　B.明度 　　　　　C.冷暖 　　　　　D.色相

二、判断正误，每题4分，共20分。

1.色彩三原色是红色、黄色、绿色，它们是构成其他色彩的基础，经过混合可以形成所有的颜色。（　　）

2.明度高、饱和度高的颜色容易产生动感，而明度低、饱和度低的颜色则会产生沉静感。（　　）

3.蓝色、紫色、绿色及无彩色系属于中性色彩，没有明显的冷暖倾向。（　　）

4.在中国五行色彩体系中，土对应黄色，代表天地玄黄，主信。（　　）

5.服装色彩的三要素是色相、明度、纯度。（　　）

● 技能演练（50分）

以**3人**组建项目团队，选取某一国内品牌的两个服装产品系列，进行服装产品色彩设计分析，比较每个系列的用色特点，制作**PPT**，选派代表进行汇报发言。完成要求如下。

1.团队组建与品牌产品选择

3人一组完成组队，并确定团队名称。挑选一个国内知名服装品牌，该品牌需具备两个具有鲜明特色的服装产品系列，所选系列应能体现不同的设计理念或针对不同的消费群体，且有丰富的色彩运用可供分析。

2.色彩设计分析要求

（1）色彩体系分析

确定每个系列的主色调、辅助色调及点缀色调。分析主色调在整个系列中所占比例及营造的视觉氛围，研究色彩的对比度与和谐度，观察不同色调之间是如何相互搭配协调，或是通过强烈对比产生视觉冲击效果的。

（2）色彩与风格关联

阐述色彩设计如何体现产品系列的风格定位，分析色彩对消费者情感与心理的引导作用，比如暖色调可能传达热情、亲和力，冷色调展现冷静、专业感。

（3）色彩应用细节

查看色彩在服装不同部位的分布与运用方式，是否存在特殊的色彩图案或纹理设计。考虑色彩与面料材质的结合效果，相同色彩在不同面料上呈现出的光泽、质感差异对整体色彩设计的影响。

3.PPT制作要求

封面包含团队名称、课程名称、品牌名称及两个系列名称。目录清晰展示各分析板块。内容图文并茂，用高质量图片展示服装系列产品，搭配简洁精练的文字分析。图表可辅助呈现色彩比例等数据。整体风格简洁时尚，色调搭配协调，文字排版整齐，动画效果适度。

4.汇报发言要求

代表表达清晰流畅，语速适中，使用专业术语准确阐述分析内容。能脱稿或少量参考

PPT 进行讲解，时间控制在 10 ～ 15 分钟，与观众有良好眼神交流并适当互动。

5. 作业提交要求

团队需在规定的截止日期前同时提交 PPT 文件电子版和打印版，文件命名格式为 "团队名称 _ 服装产品色彩设计分析 .pptx"。

● 任务评价

《服装产品色彩设计分析》技能演练项目评分表

团队成员：　　　　　　　　项目名称：　　　　　　　　品牌定位：

一级 评价指标	二级 评价指标	评价观测点	得分
服装色彩内涵解读与艺术特征分析 （20 分）	色彩内涵解读 （10 分）	能全面、准确地解读所选取的两个服装产品系列的色彩设计所传达的文化内涵、情感意义、品牌形象等，每个系列得 5 分。解读片面或不准确，酌情扣分	
	色彩特征分析 （10 分）	结合系列品类与风格深入地剖析每个系列服装色彩设计在色调搭配、色彩对比与调和、色彩节奏感、色彩对服装风格塑造的作用等方面的艺术特征，每一方面分析合理且有深度得 2 分，共 10 分。分析不完整或浮于表面，酌情扣分	
发言代表表现 （10 分）	语言表达 （5 分）	语言流畅自然，无明显卡顿、重复或错误表述，语速适中，能够清晰地传达分析内容，得 3 ～ 5 分。语言表达存在较多问题，但不影响整体理解，得 1 ～ 2 分	
	仪态仪表 （5 分）	站立或坐姿端正，肢体语言自然得体，眼神交流良好，自信大方，具有良好的台风和表现力，得 3 ～ 5 分。仪态不够自然、紧张或有其他不当表现，酌情扣分	
团队协作 （10 分）	分工明确 （5 分）	团队成员之间分工清晰合理，每个成员都有明确且有价值的任务，如资料收集、分析撰写、PPT 制作、汇报演练等，得 3 ～ 5 分。分工不够明确或存在明显不合理之处，酌情扣分。	
	协作效果（5 分）	团队成员在整个实训过程中沟通顺畅、配合默契，能够共同解决遇到的问题，高效完成任务，得 3 ～ 5 分。协作过程中出现较多矛盾或任务完成效率低下，酌情扣分	
PPT 制作 （10 分）	视觉效果 （4 分）	整体页面设计美观，色彩搭配协调，图文排版合理，图片清晰且与文字内容紧密相关，图表制作精良，具有较高的视觉吸引力，得 3 ～ 4 分。视觉效果一般，存在部分页面设计或排版问题，得 1 ～ 2 分	
	内容呈现 （4 分）	PPT 内容完整，对服装产品系列的介绍、色彩分析等信息准确翔实，逻辑结构严谨，条理清晰，重点突出，能够很好地辅助汇报发言，得 3 ～ 4 分。内容有缺失、逻辑混乱或重点不明确，酌情扣分	
	技术运用 （2 分）	正确运用 PPT 制作软件的各种功能，如动画效果、切换效果等，增强演示效果且不过度使用，得 1 ～ 2 分。技术运用不当或出现错误，酌情扣分	

● 得分总评

知识冲浪分值：_____　　　技能演练分值：_____　　　评价人：_____

任务二 掌握服装色彩设计的技法

一、服装色彩的个性分析

（一）红色

1. 情感属性

红色在视觉上给人以强烈的印象，使人联想到太阳、火焰、热血等。它表达了活跃、兴奋、热情、积极、忠诚、健康、充实、饱满、幸福等含义。红色在中国常常作为喜庆、传统和吉祥的象征，是许多艺术家和设计师喜爱的颜色之一。

2. 色彩应用

常见的红色种类如下（如图3-19）：

（1）粉红色　高明度的红色，多用于女性服装和儿童服装，给人柔和、梦幻、甜美、纯真、可爱的感觉。

（2）玫瑰红　带有一定紫色和白色调的红色，具有浪漫、优雅的感觉。

（3）深红色　明度较低的暗红色，带有一定的紫色和橙色调，显示高贵、神秘、沉稳的感觉。

（4）酒红色　带有一定紫色调的红色，类似于葡萄酒的颜色，常用于高级礼服设计，给人一种奢华、经典的感觉。

（5）砖红色　含有棕色调的红色，类似于砖头的颜色，可用于男装设计，给人一种稳重、质朴的感觉。

（6）赤红色　非常鲜艳饱满的红色，常用于婚礼服设计，象征着高贵、华丽、喜庆。

图3-19　红色系服装色彩应用

（二）黄色

1. 情感属性

黄色是所有色相中明度最高的色彩，使人联想到温暖、活力和阳光，代表了智慧、忠诚、希望、乐观、辉煌和健康。我国古代崇尚黄色，黄色被视为尊贵与权力的象征。

藏在斑斓色彩中的性格密语

2. 色彩应用

常见的黄色种类如下（如图3-20）：

（1）鹅黄色　是一种比较浅淡、柔和的黄色，给人清新、甜美、鲜嫩的感觉。它适合各种年龄段的人穿着，可以展现出温柔和优雅的气质。

（2）柠檬黄色　是一种鲜艳、明亮的黄色，如同柠檬的颜色，充满活力和青春气息。它比较适合年轻、活泼的人群，能展现出个性与时尚感。

（3）亮黄色　类似于阳光的颜色，具有高饱和度和亮度，非常醒目。亮黄色能够吸引注意力，使人看起来充满能量和自信。

（4）姜黄色　如生姜一样的颜色，比亮黄色少了些刺眼感，视觉上更加温柔。其亮度不是很高，饱和度也不是太强，这种色调既温柔又不会显得沉闷。姜黄色有一种舒适、耐看的感觉，虽是暖色调，但饱和度相对较低，所以会比较显白。

图 3-20　黄色系服装色彩应用

（三）蓝色

1. 情感属性

蓝色是典型的冷色，具有高度的稳定感。蓝色使人联想到天空、太空、海洋、湖泊、冰雪、严寒。蓝色具有自信、沉静、冷淡、永恒、理智、高深、寂寞等感觉，随着人类对宇宙太空的不断探索，它又象征了科技感和未来感。

2. 色彩应用

常见的蓝色种类如下（如图3-21）：

（1）浅蓝色　柔和且淡雅，给人一种温柔、亲切的感觉，适用于衬衫、毛衣、半身裙等，能展现出女性的柔美和优雅。

（2）天蓝色　清新、明亮，给人一种轻松和愉悦的感觉，展现出青春活力和清新自然的风格。

（3）湖蓝色　比天蓝色更深一些，带有一些宁静和优雅的气质，适合制作连衣裙、旗袍、西装等服装，适合各种场合。

（4）宝蓝色　浓郁而高贵，具有很强的视觉冲击力，常用于晚礼服、正式西装、高端时尚单品等，能够展现出奢华和大气。

（5）深蓝色　给人稳重、专业和可靠的印象，常见于职业装、商务套装、大衣等，体现出严谨和成熟。

（6）靛蓝色　具有浓郁的复古感和艺术气息，在牛仔裤、牛仔外套、民族风格的服装中应用广泛，展现出随性和独特的个性。

图 3-21　蓝色系服装色彩应用

（四）橙色

1.情感属性

橙色与红色同属暖色，具有红色与黄色之间的色性。橙色是欢快活泼的热情色彩，是暖色系中最温暖的颜色。它使人联想到火焰、灯光、霞光、水果等物象，是常见色相中最温暖、明亮的色彩。

2.色彩应用

常见的橙色种类如下（如图 3-22）：

（1）鲜橙色　鲜艳且充满活力，给人热情和温暖的感觉，可应用于各种休闲服装，展现出青春活力和时尚潮流感。

（2）色橙红色　相比鲜橙色，红色调更明显，兼具温暖能量与红色的鲜艳热烈气质，给人积极向上的感觉，使人感到兴奋和愉悦。

（3）粉橙色　具有浅色调的清新感，整体气质更为柔和，适合营造温柔、甜美的风格，可用于女性的连衣裙、衬衫等服装。

（4）金橙色　在橙色中融入较多黄色调，自带金色调的奢华和华丽感，可用于一些需要展现张扬时尚的服装，如礼服、时尚外套等。

（5）珊瑚橘色　是橙色的一种，相比橙色多了些梦幻甜美，用于一些较为轻松愉悦的社交场景。

图 3-22　橙色系服装色彩应用

（五）绿色

1.情感属性

绿色光在可见光谱中波长居中，使人联想到森林、草原、嫩芽、春天等。在各种高纯度的色光中，人眼对绿色的反应最平静。绿色代表了深远、稳重、沉着、睿智、公平、自然、和平、幸福、理智、新生等。

2. 色彩应用

常见的绿色种类如下（如图3-23）：

（1）草绿色 清新自然、富有生机，常用于春夏季的服装，给人一种充满活力和亲近自然的感觉。

（2）薄荷绿 淡雅柔和，给人一种清凉、舒适的视觉感受，常被应用于女性的夏季服装，展现出温柔和优雅的气质。

（3）翠绿色 鲜艳而浓郁，具有较高的饱和度和明度，适合制作华丽的礼服、时尚的外套或独特的套装，在重要场合中能够吸引眼球。

（4）豆绿色 柔和且饱和度较低，给人一种安静、平和的印象，适用于各类衬衫、半身裙、针织衫等，营造出文艺、复古的风格。

（5）橄榄绿色 具有一定的灰度，显得内敛而质朴，常用于休闲装、运动装或户外服装，如运动裤、冲锋衣等，给人一种随性和舒适的感觉。

（6）墨绿色 深沉而神秘，富有质感，多用于秋冬季节的服装，体现出成熟和优雅的感觉。

图 3-23 绿色系服装色彩应用

（六）紫色

1. 情感属性

紫色通常与奢华、高贵和神秘相关，紫色的服装展现出优雅、独特和迷人的魅力。喜欢紫色服装的人通常比较浪漫，具有艺术气质和独特的审美观，追求生活的品位。

2. 色彩应用

常见的紫色种类如下（如图3-24）：

（1）薰衣草紫色 这种颜色给人更多的是梦幻和浪漫的感觉，相比深紫色显得更为清新温柔，常被应用于轻薄的面料，如薄纱，能增加服装的轻盈和薄透感，使服装更具梦幻氛围。

（2）绛紫色 绛紫色通常更具成熟稳重感，同时也保留了紫色的神秘与高贵气质。这种颜色在秋冬季节的服装中较为常见，能展现出优雅大气的风格。

（3）香芋紫色 香芋紫色是一种温柔且具有亲和力的颜色，香芋紫色的单品适合打造优雅、浪漫的风格，搭配白色、米色或浅灰色等，能营造出柔和、舒适的氛围。

（4）紫罗兰色 色彩较为鲜艳，具有一定的视觉冲击力。

（5）葡萄紫色 颜色浓郁，富有质感。葡萄紫色的服装能体现出一种高贵冷艳的气质，例如葡萄紫色的丝绸连衣裙或缎面衬衫，会显得格外华丽。

（6）紫丁香色　具有柔和、淡雅的特质，给人一种宁静、浪漫的感觉，能展现出女性的温婉气质。

图 3-24　紫色系服装色彩应用

（七）黑色

1.情感属性

黑色承载着复杂而深远的内涵。它既是深邃、神秘的象征，又是庄重、内敛的代言。同时，在某些场合它代表了压抑、沉重的情绪。黑色使人显得神秘、成熟，彰显自信和果断的个性，以其简约和经典的风格，成为万能百搭色。

图 3-25　黑色系服装色彩应用

2.色彩应用

常见的黑色种类如下（如图 3-25）：

（1）纯黑色　经典、庄重、神秘，是最常见和最具代表性的黑色。纯黑色的服装几乎适用于所有场合，如正式的西装套装、晚礼服、小黑裙等，展现出优雅和高贵的感觉。

（2）炭黑色　比纯黑色稍浅，带有一点灰色调，看起来更加柔和和低调。炭黑色常用于秋冬的大衣、毛衣、裤子等，给人一种稳重而温暖的感觉。

（3）烟黑色　带有淡淡的烟雾般的朦胧感，有一种低调的神秘感。烟黑色的服装如衬衫、裙子等，能营造出一种独特的氛围。

（八）白色

1.情感属性

白色常常被视为纯洁、无瑕、清新、宁静的象征。它的简约和高雅能够带给人心灵上的安慰和宁静。但是在某些情况下，白色也显示出冷淡、孤傲、寂寥或缺乏活力的感觉。

2.色彩应用

常见的白色种类如下（如图 3-26）：

（1）纯白色　经典、干净、简洁，是最常见和百搭的颜色，它可以单独穿着，展现出纯粹和优雅，也可以与其他任何颜色搭配，增加整体的清新感和明亮度。

（2）米白色　比纯白色略带黄色调，给人一种温暖、柔和的感觉，适合用于秋冬的毛衣、大衣、围巾等，营造出温馨舒适的氛围。

（3）奶白色　类似于牛奶的颜色，有一点淡淡的乳黄色，看起来更加甜美和亲切。

（4）珍珠白色　具有微微的光泽感，如同珍珠的表面，给人一种高贵、典雅的印象，常用于晚礼服、婚纱、高级定制服装等，体现出奢华和精致之感。

（5）灰白色　融合了白色和灰色的特点，低调而内敛，常用于休闲装、运动装，如灰白色的运动裤、卫衣等，给人一种轻松自在的感觉。

图 3-26　白色系服装色彩应用

（九）灰色

1.情感属性

灰色是介于黑色和白色之间的中间色，因此常被视为中立、不偏不倚的颜色，代表着一种平衡和稳定的状态。它不像黑色和白色那样鲜明和极端，给人一种低调、不张扬的感觉，在正式、商务的场合中使人展现出可靠和专业的形象。

2.色彩应用

常见的灰色种类如下（如图 3-27）：

（1）深灰色　接近黑色，具有稳重、低调的特质，常被用于商务正装，展现专业和严谨性。

（2）中灰色　是一种非常百搭的颜色，给人一种舒适和温暖的感觉。

（3）浅灰色　相对柔和、清新，富有亲和力。

（4）银灰色　具有一定的光泽感，显得时尚而高级，常用于晚礼服、派对装或者时尚的外套，能增添华丽和独特的气质。

（5）烟灰色　带有朦胧和柔和的质感，给人一种优雅的印象。

（十）金属色

1.情感属性

金属色包括银色、金色等，常常让人联想到高科技产品、现代建筑和创新设计，给人一种充满未来感和科技进步的印象。金属色在代表财富、奢华和高贵的形象的同时，又传达出力量、坚韧和持久的情感。

2.色彩应用

常见的金属色种类如下（如图 3-28）：

（1）亮金色　这种颜色非常耀眼和夺目，常用于特殊场合的服装，如晚礼服、舞台装等。它可以大面积使用来展现奢华和高贵，也可以作为局部的装饰或点缀，增加服装的亮点和吸引力。

（2）香槟金色　相对柔和、优雅，给人一种温馨而高贵的感觉。香槟金色的连衣裙常用于正式的社交场合，如宴会、婚礼等，展现出穿着者的优雅气质。

（3）古铜金色　具有复古和沧桑的质感，常用于打造具有复古风格的服装，如古铜金色的夹克、皮裙等，展现出独特的个性和魅力。

（4）玫瑰金色　融合了粉色调，显得更加浪漫和甜美。玫瑰金色的服装常用于女性的时尚单品，展现出女性的温柔和浪漫。

（5）亮银色　具有强烈的光泽和反光效果，非常引人注目，常用于时尚派对、舞台表演等场合的服装，增加科技感和动感。

（6）磨砂银色　质感较为柔和，没有强烈的反光，给人一种低调而高级的感觉。

（7）浅银色　比较清新淡雅，适合营造出轻盈和空灵的氛围，给人一种清凉和舒适的感觉。

（8）灰银色　融合了灰色的色调，更加沉稳和内敛。灰银色的毛衣、外套等在秋冬季节较为常见，能够展现出成熟和稳重的气质。

图 3-27　灰色系服装色彩应用

图 3-28　金属色系服装色彩应用

二、服装色彩的搭配技法

（一）同一色搭配

1. 定义

同一色搭配就是单一色相的配色。

2. 特点

色彩高度统一，但缺少变化，显得单调乏味。可利用自身的明度、纯度变化进行搭配，以此增加视觉的层次感（如图 3-29）。

服装色彩的搭配技巧

（二）类似色搭配

1. 定义

色相环中间隔 15°～ 30° 色彩之间的配色。

2. 特点

类似色搭配中色彩过渡自然，具有和谐、统一、柔和的视觉效果（如图 3-30）。

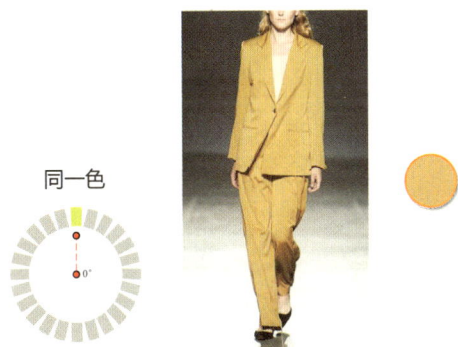

图 3-29　同一色搭配

图 3-30　类似色搭配

（三）邻近色搭配

1. 定义

邻近色搭配是在色相环中间隔 45°～ 90° 色彩之间的配色，比如黄配橙、蓝配绿等。

2. 特点

视觉效果和谐、统一且富有变化，比类似色搭配更富于变化，但仍能保持色彩的协调性（如图 3-31）。

（四）对比色搭配

1. 定义

色相环中间隔 135° 的色相配色。

2. 特点

对比色在色相、明度和纯度上差异较大，当它们并置在一起时形成强烈的视觉对比，使得色彩更加鲜明、突出。巧妙运用对比色可以增强视觉冲击力，表达出强烈的情感信息（如图 3-32）。

图 3-31　邻近色搭配

图 3-32　对比色搭配

（五）互补色搭配

1. 定义

图 3-33　互补色搭配

在色相环中间隔 180° 的两个颜色就是互补色，最常见的互补色搭配有：红色与绿色、黄色与紫色、蓝色与橙色等。

2. 特点

互补色搭配会形成强烈的对比，增强彼此的纯度和明度，使色彩更加鲜艳醒目，产生强烈的视觉冲击力和张力。合理运用互补色可以营造出独特而鲜明的设计效果，在搭配时可以利用面积、数量以及纯度和明度的变化，达到对比而融合的效果（如图 3-33）。

三、服装色彩的设计方法

（一）风格设计方法

1. 沉稳庄重风格

常采用单一色相或类似色的配色，通过调整色相明度、纯度或色调的强弱，产生和谐统一的效果，表现出稳重大气感。沉稳庄重的配色以低明度、高纯度的深暗色调为主，如棕色与酒红色或厚重坚固的海军蓝色与深绿色，搭配金色和无彩色，表现高品位的沉稳厚重形象（如图 3-34）。

服装色彩的个性
选择

2. 优雅别致风格

通常以中明度、中纯度的邻近色色相组合为主，产生既有调和又有变化的美感，如中性的黄色或绿色搭配灰色和浅灰色调，营造平和的感觉（如图 3-35）。

3. 温和自然风格

以苍白色调、灰亮色调、中纯度 + 中明度的隐约色调为主，呈现温和、轻柔、朴素的风格，通常使用米色、象牙色、肤色等多种颜色（如图 3-36）。

图 3-34　沉稳庄重风格

图 3-35　优雅别致风格

图 3-36　温和自然风格

4.时尚动感风格

常采用对比色配色，通过色相差和明度差较大的色彩组合突出对比效果，演绎强烈的形象，营造生动的氛围。在手法上多利用面积对比、隔离对比色、色彩并置、明度对比、纯度对比等方法（如图 3-37）。

5.华丽高贵风格

采用富有光泽感的金属色、高饱和度色相，互补色配色如红色与绿色、黄色与蓝色等，演绎出强烈、跳跃、华丽、浓郁的形象（如图 3-38）。

图 3-37　时尚动感风格　　　　　　图 3-38　华丽高贵风格

（二）系列设计方法

1.统一法

是服装系列色彩设计中一种常用的方法。通过选择同一色相的不同明度或纯度的色彩，保持整体色调的一致性，也可以通过选择相邻色相的色彩来达成。统一法使系列服装色彩在视觉上呈现出和谐统一的效果，避免杂乱无章（如图 3-39）。

图 3-39　服装系列色彩设计统一法

2.对比法

通过色彩之间的对比来突出色彩的差异性。例如，将有彩色与无彩色、冷色与暖色搭配在一起，可以使各自色彩属性更加突出。这种方法常用于强调细节、装饰或图案应用中，在使用时要注意对比色彩的数量最好不要超过 3 种，且面积大小不能相同（如图 3-40）。

3. 呼应法

是指服装色彩在不同部位之间形成相互呼应的关系。例如，上装和下装的色彩进行呼应，或者配饰与配饰的色彩相呼应。这种呼应关系可以使服装系列在色彩上更加连贯和完整（如图 3-41）。

图 3-40　服装系列色彩设计对比法　　　图 3-41　服装系列色彩设计呼应法

4. 点缀法

通过在服装中运用小面积的强烈色彩来装饰和强调整体色调。这种方法可以使服装在保持整体和谐的同时，增添一些亮点和趣味性。例如，在素色的服装上添加一条鲜艳的腰带、领带或眼镜等装饰物（如图 3-42）。

图 3-42　服装系列色彩设计点缀法

学习竞技台

● 知识冲浪（30 分）

将正确的选项填在括号中，每题 6 分，共计 30 分。

1. 常用于高级礼服设计，给人奢华、经典的艺术感觉的红色是（　　　）。

A. 酒红色　　　　B. 深红色　　　　C. 砖红色　　　　D. 赤红色

2. 能够营造出稳重、专业的形象的色彩搭配方式是（　　　）。

A. 同一色搭配 　　　　　　　　　　B. 对比色搭配

C. 互补色搭配 　　　　　　　　　　D. 以上都可以

3. 下列对"对比法"色彩设计方法描述正确的是（　　　）。

A. 使系列服装色彩在视觉上呈现和谐统一的效果

B. 强调细节、装饰或图案应用

C. 保持整体色调的一致性

D. 选择相邻色相的色彩

4. 具有浅色调的清新感，整体气质更为柔和，适合营造温柔、甜美的风格的是（　　　）。

A. 粉橙色 　　　　　B. 橙红色 　　　　　C. 金橙色 　　　　　D. 珊瑚橘色

5. 在服装系列色彩设计中统一法的应用方式包括（　　　）。

A. 选择同一色相的不同明度或纯度的色彩

B. 选择对比色相的色彩

C. 选择超过 3 种对比色彩

D. 使对比色彩面积大小相同

● 技能演练（70分）

1. 请分析款式一和款式二中服装色彩的搭配技法。（20分）

款式一　　　　　　　　款式二

服装色彩搭配技法分析单

班级：		姓名：		学号：
	服装品类	服装配色形式		服装配色技法
款式一 （10分）		色相搭配：		
		明度搭配：		
		纯度搭配：		
款式二 （10分）		色相搭配：		
		明度搭配：		
		纯度搭配：		

2. 按照优雅别致风格和华丽高贵风格的配色特点，为款式一、款式二各制定两套配色方案。完成要求如下。（50分）

（1）明确主题与目标受众

阐述优雅别致风格和华丽高贵风格的配色特点，精准定位目标受众，明确他们的年龄、性别、文化背景、消费偏好等特征。

（2）色彩选择与理由阐述

① 主色调确定：精心挑选主色调，详细解释其依据。从色彩心理学角度分析主色调能唤起的情感与联想，考虑与目标受众的适配性。

② 辅助色与点缀色搭配：合理选取辅助色和点缀色，并说明它们与主色调的互补、对比或调和关系。辅助色用于丰富整体色彩层次，点缀色则起到吸引眼球、强调重点或增添细节魅力的作用。

（3）色彩比例与分布规划

明确各色彩在整体配色方案中所占比例，并解释这样分配比例的原因，以确保色彩搭配的平衡与和谐。

（4）参考与灵感来源说明

列举在配色方案制定过程中的参考资料、图片、网站资讯等，体现方案的专业性和严谨性，为进一步深入研究和创新提供线索。

● 任务评价

《优雅别致风格和华丽高贵风格配色方案》技能演练项目评分表

设计者：　　　　　　　　班级学号：　　　　　　　　最终得分：

评分项目	评分要点	分值	得分
色彩搭配原理的应用	熟练运用同类色、邻近色、对比色、互补色等搭配原理，合理选择主色、辅助色与点缀色，使配色方案和谐且富有层次感，能体现优雅别致或华丽高贵的风格	20分	
优雅别致风格配色方案	配色方案与优雅别致风格契合度高，色彩搭配展现出柔和、精致、低调而有品位的特点，如采用柔和的色调、含蓄的对比等	10分	
华丽高贵风格配色方案	配色方案符合华丽高贵风格要求，运用浓郁、鲜艳且富有质感的色彩，通过色彩对比或材质结合体现奢华感，如使用金属色、深色系搭配亮色点缀等	10分	
设计表达清晰美观	以清晰的方式呈现配色方案，可借助色彩图表、文字说明等，展示效果美观、整洁，易于理解	5分	
色彩表述规范准确	色彩名称标注准确规范，设计方案无明显错误或漏洞	5分	

● 得分总评

知识冲浪分值：_____　　技能演练分值：_____　　评价人：_____

任务三　服装色彩设计方案的企划

一、影响服装色彩设计的因素

（一）传统文化

不同的地域文化和民俗传统对色彩有着特定的象征意义和偏好。例如，在中国，红色象征喜庆、吉祥，常被用于新人的礼服，而在西方，白色婚纱寓意着新娘的高贵与纯洁（如图 3-43）。

（二）时代背景

每个时期的政治、经济和文化等不同的时代背景会影响服装色彩的流行趋势，每个时代或时期都会有代表性的色彩风格，反映当时的社会思潮和审美观念。

宋韵彩章至现代华光

图 3-43　文化传统对色彩的影响

（三）季节气候

春夏季节通常倾向于清新、明亮、柔和的色彩，如浅粉色、淡蓝色、草绿色等。秋冬季节则更多使用深沉、浓郁、温暖的色彩，如深棕色、酒红色、墨绿色等。

（四）目标受众

年龄、性别、职业、生活方式等因素决定了消费者对服装色彩的需求和喜好。不同地域的人群由于文化和环境的差异，对色彩的接受度也有所不同。

（五）流行趋势

时尚潮流对服装色彩有很大的引领作用，通过品牌时装秀、时尚杂志、明星穿搭等渠道可促进色彩的使用和传播。色彩预测机构的发布和专家的研究也会影响服装设计师对色彩的选择。

（六）款式材质

复杂的款式常采用简洁的色彩，而简约的款式可以通过多样的色彩和图案组合来突出设计效果。不同的材质对色彩的呈现效果不同，例如丝绸材质的色彩明艳亮丽，而棉质的色彩则柔和朴实（如图3-44）。

图 3-44　材质对色彩的影响

（七）品牌定位

不同品牌的目标受众人群决定了色彩的选择，如高端品牌常倾向于使用经典、高雅的色彩来体现质量和奢华。时尚品牌则会选择更具个性和创新的色彩来吸引客户。

（八）功能需求

服装功能与穿用环境不同，色彩设计要求也会不同，如运动服装可采用高对比度的色彩搭配，以展现动感和活力，特殊工作环境中的服装，如消防员服装采用明亮的橙红色，起到警示和醒目的作用。

（九）搭配方式

对比、协调、互补等色彩搭配方式会影响单套服装或整个服装系列中色彩的组合和选择。

（十）情感心理

设计师的个人情感、审美和创意理念会体现在服装的色彩设计中。消费者的审美和情感需求也决定他们通过选择某些色彩来表达自我意识或获得某种心理满足。

师生互动

同学们，请和大家分享一下你最喜欢的颜色以及最适合自己的服装色彩。

二、服装色彩设计的程序

（一）确定设计目标

确定服装品牌的风格、形象和价值观，是时尚前卫、优雅经典还是休闲舒适等；进行市场调研，了解目标客户的年龄、性别、喜好、消费能力和生活方式，以便制定符合他们需求的色彩方案。

（二）收集色彩灵感

分析当前的时尚趋势，包括流行的色彩、色彩组合（色彩搭配）方式；通过参加时尚展览、时装秀，翻阅时尚杂志和网站，从大自然、艺术作品（绘画、雕塑、摄影）、建筑、传统文化、影视作品等方面获取色彩灵感（如图3-45）。

（三）完成色彩选择

根据设计目标、主题和收集的色彩灵感，结合不同季节、服装使用场合，初步筛选出适合的色彩。考虑色彩的情感联想、文化内涵和象征意义。

图 3-45　收集色彩灵感

（四）建立色彩组合

确定主色、辅助色和点缀色。主色是服装的主要色彩，占据较大面积；辅助色用于补充和协调；点缀色则起到突出和点睛的作用。尝试不同的色彩搭配方式，如对比色搭配、互补色搭配、类似色搭配等，以创造出独特而和谐的效果（如图 3-46）。

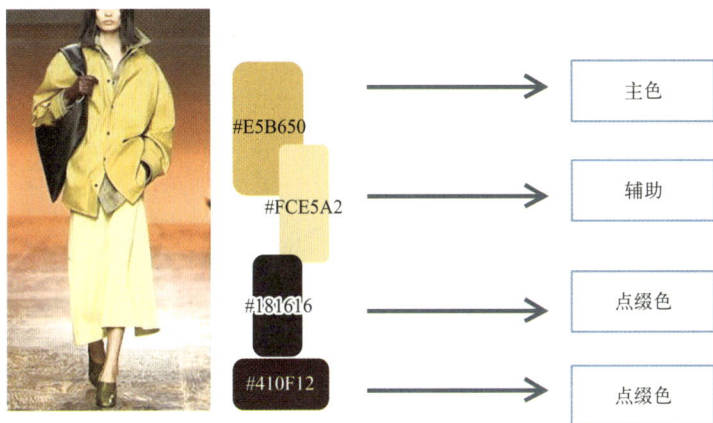

图 3-46　建立色彩组合

（五）选定材质工艺

不同的面料、材质会使相同的颜色呈现出不同的效果，如光泽度、饱和度等；了解染色工艺和后整理工艺对色彩的稳定性和表现效果的影响。

（六）制作色彩样本

使用计算机软件或手绘的方式完成服装色彩设计的效果图；制作色彩样板或布料染色样本，以更准确地评估色彩效果。

（七）开展评估调整

通过征求团队成员、潜在客户或专业人士的意见，从多个角度评估色彩设计方案，包括视觉效果、市场适应性、生产可行性等，根据评估结果对色彩设计方案进行必要的调整和优化。

（八）确定色彩设计方案

确定最终的服装色彩设计方案，并详细记录色彩的名称、代码、比例等信息，为生产环节提供准确的色彩标准和规范（如图3-47）。

123-79-06　124-62-19　121-42-19　114-72-07　108-86-10　113-51-13　120-45-17

图3-47　色彩设计方案

艺海拾贝： 解密服装流行色

解密服装
流行色

在时尚的舞台上，服装流行色如同一股神秘而强大的潮流，不断影响着我们的着装选择和审美观念。每一季的流行色究竟从何而来，又为何能够在短时间内风靡全球呢？让我们一同揭开服装流行色背后的奥秘。

流行色是指在一定时期内，被社会上大多数人所喜爱和追求，并在多个领域（如时尚、设计、装饰等）广泛应用的具有代表性的色彩。它反映了当时的社会文化、审美趋势、经济环境以及人们的心理需求和情感诉求。流行色通常具有较强的时代特征，会随着时间的推移而不断变化和更新。

流行色并非凭空出现，它的产生是一个复杂的、动态的过程，受到多种因素的相互作用和影响。

一是色彩研究机构和专家的预测，他们通过对社会、文化、经济和消费者心理等方面的研究，分析出每一时期可能受欢迎的颜色。二是时尚行业的引领，时装设计师、时尚品牌在新品发布中大量使用某些特定颜色，从而引导了流行趋势。三是消费者需求和喜好，大众对于颜色的审美和情感需求的变化会影响流行色。例如，在经济不稳定时期，人们可能更倾向于温暖、舒适的颜色；而在追求创新和活力的时期，明亮鲜艳的颜色可能更受欢迎。四是受文化和社会因素的影响，重大的社会事件、流行文化（如电影、音乐、艺术）、地域文化特色等都可能影响颜色的流行。五是科技和材料的创新对流行色的影响，新的染料技术和材料的出现，使得某些以前难以实现的颜色得以广泛应用和推广。六是自然和环境的影响，大自然中的美丽色彩，如季节变化带来的特定景色色彩，也会激发流行色的产生。

流行色如同瞬息万变的潮流音符，通过设计师的创意、媒体的传播、明星的示范和大众的追捧，从时尚秀场的舞台，走进了人们的日常生活。它出现在街头巷尾，出现在办公室里，出现在各种社交场合。人们用流行色装点自己，展现个性，表达对生活的热爱和对美的追求。

学习竞技台

● 知识冲浪（40分）

一、将正确的选项填在括号中，每题6分，共计30分。

1. 在服装色彩设计的程序中，第一步需要完成的是（　　　）。
A. 收集色彩灵感　　　　　　　　　　B. 确定设计目标
C. 完成色彩选择　　　　　　　　　　D. 建立色彩组合

2. 获取色彩灵感的途径包括（　　　）。
A. 参加时尚展览　　　　　　　　　　B. 阅读文学作品
C. 翻阅时尚杂志　　　　　　　　　　D. 观看时装秀

3. 倾向于使用深棕色、酒红色、墨绿色色彩的季节是（　　　）。
A. 春夏　　　　　　B. 秋冬　　　　　　C. 春秋　　　　　　D. 冬夏

4. 对于复杂的服装款式常选择的色彩设计方式是（　　　）。
A. 独特的色彩　　　　　　　　　　　B. 简洁的色彩
C. 鲜艳的色彩　　　　　　　　　　　D. 多种色彩组合

5. 确定最终的服装色彩设计方案后，需要详细记录的色彩信息是（　　　）。
A. 名称、代码、比例　　　　　　　　B. 名称、价格、产地
C. 代码、销量、评价　　　　　　　　D. 比例、销量、产地

二、思考论述题（10分）

搜集最新的服装色彩流行趋势信息，分析如何在服装色彩设计中加以应用。

● 技能演练（60分）

以3人组建项目团队，分析下列中国传统服装配色特点，并参照服装形式，结合色彩流行趋势，再设计3套国风色彩设计方案并制作PPT，选派代表进行汇报发言。完成要求如下。

1. 团队协作与任务分工

3人一组完成组队，确定团队名称。明确成员分工，包括资料收集整理员、方案设计者、PPT制作者以及汇报演讲员等，确保各环节有序推进。

2. 中国传统服装配色特点分析

详细阐述图片中中国传统服装的主要配色组合，分析其在不同朝代、地域、服装类型中的运用偏好及象征意义。探讨传统色彩搭配方式，像红与绿的经典组合、青与白的清新搭配等，研究其色彩比例、对比与调和关系，以及如何通过色彩营造出庄重、华丽、淡雅等不同氛围。

3. 国风色彩设计方案创作

（1）灵感融合

以分析结果为基础，结合当下色彩流行趋势，如流行色系、色彩组合偏好等。可从时尚秀场、流行文化中汲取灵感，将现代元素巧妙融入国风配色。

（2）方案内容

每套方案确定主色调、辅助色与点缀色，阐述选择理由，考虑色彩在服装不同部位（领口、袖口、衣身、裙摆等）的分布与应用方式。说明色彩与服装面料、图案的结合设想，如在丝绸面料上色彩的光泽呈现，刺绣图案与色彩的相互映衬。

4. PPT制作要求

封面展示团队信息、课程名称、作业主题。目录清晰，涵盖传统配色分析、设计方案

展示等板块。内容图文并茂，用高清图片展示传统服装及设计方案示例，用简洁精练的文字进行分析与说明，可运用图表辅助呈现色彩比例等信息。整体风格具有国风特色，色调搭配协调。

5. 汇报发言要求

代表表达清晰、流畅，语速适中，能准确运用专业术语阐述分析内容与设计思路。熟悉 PPT 内容，可脱稿或少量参考讲解，时间控制在 10 分钟内，注重与观众眼神交流与互动。

6. 作业提交要求

团队需在规定的截止日期前同时提交 PPT 文件电子版和打印版，文件命名格式为 "团队名称_国风色彩设计方案 .pptx"。

款式一　　　　　　　　款式二

● 任务评价

《国风色彩设计方案》技能演练项目评分表

团队成员：　　　　　　项目名称：　　　　　　　　最终得分：

一级评价指标	二级评价指标	评价观测点	得分
中国传统服装配色特点分析（10分）	准确性与深度（6分）	1. 能精准识别并详细阐述所选中国传统服装的主要配色组合（如常见的红配绿、蓝配黄等经典搭配）。（3分） 2. 深入剖析这些配色在文化、历史、民俗等方面的内涵与象征意义（例如红色在中国文化中代表喜庆、热情等），分析全面且有深度。（3分）	
	资料与案例运用（4分）	1. 广泛收集并合理引用相关的历史文献、图片、实物等资料作为分析依据。（2分） 2. 能够列举多个具体且有代表性的传统服装案例（如汉服、旗袍等不同类型服装的配色实例）来支撑观点。（2分）	
国风色彩设计方案（20分）	传统与流行融合（10分）	1. 巧妙地将中国传统配色元素与当前色彩流行趋势相结合，既保留国风韵味又展现出时尚感与创新性，得6分。若融合生硬、只是简单堆砌或未能体现流行趋势，得1～5分。 2. 能清晰阐述融合的思路与灵感来源，例如如何从传统色彩中提取精华并根据流行趋势进行色彩调整（如改变明度、纯度或加入流行色点缀等）。（4分）	
	色彩搭配合理性（5分）	1. 设计方案中的色彩搭配和谐美观，符合色彩搭配的基本原理（如色调统一、对比协调等）。（2分） 2. 考虑到色彩在不同服装材质上的呈现效果，以及色彩对服装风格、穿着者气质的塑造作用，搭配合理且具有针对性。（3分）	

续表

一级评价指标	二级评价指标	评价观测点	得分
国风色彩设计方案（20分）	方案完整性与可行性（5分）	1. 每套设计方案都包含详细的色彩组合说明、适用的服装款式建议、面料材质选择方向等，内容完整。（2分） 2. 设计方案具有实际可操作性，在市场上有一定的应用潜力，考虑到成本、制作工艺等现实因素。（3分）	
PPT制作（10分）	视觉效果（4分）	1. 整体页面设计美观大气，具有浓郁的国风特色，色彩搭配与主题相契合。（2分） 2. 图表、文字等元素排版合理，布局清晰，重点内容突出，有良好的视觉引导性。（2分）	
	内容架构（6分）	1. PPT涵盖了中国传统服装配色分析的关键内容、设计方案的完整展示以及必要的说明与注释，信息准确无误且无遗漏。（3分） 2. 文字表述简洁明了，通俗易懂，能够辅助汇报者清晰地传达信息，适当运用动画效果、切换效果等增强演示的生动性与吸引力，但不过度复杂或影响观看体验。（3分）	
汇报表现（10分）	语言表达（6分）	1. 发言流畅自然，无明显卡顿、重复或口头禅。（2分） 2. 语速适中，语调富有变化，能够吸引听众注意力。（2分） 3. 用词准确、专业，能够清晰地传达设计理念和分析内容。（2分）	
	仪态仪表（4分）	1. 站立或坐姿端正，肢体动作自然得体，无多余小动作。（2分） 2. 表情自信、亲和，与观众有良好的眼神交流。（1分） 3. 着装整洁、得体，符合演练场合的氛围。（1分）	
团队协作（10分）	分工明确（4分）	1. 团队成员任务分配清晰合理，每位成员的职责和工作内容明确界定。（2分） 2. 在调研、PPT制作、汇报准备等各个环节，成员均能按照分工高效执行任务。（2分）	
	协作效果（6分）	1. 团队成员之间沟通顺畅，信息共享及时有效，在遇到问题或分歧时能够通过积极协商达成一致解决方案。（3分） 2. 整个项目过程中团队氛围良好，成员相互支持、配合默契，能够充分发挥团队整体优势。（3分）	

改进建议：

● 得分总评

知识冲浪分值：_____　　　技能演练分值：_____　　　评价人：_____

项目四
服装设计的载体——材料选择

任务描述

为校企合作服装企业的时尚女装产品，按照风格与功能要求完成服装面料与辅料的选配。

学习目标

知识目标

1. 掌握常见服装材料的分类与特性。
2. 明晰服装材料的评价方法。
3. 掌握服装材料设计的原则与方法。

技能目标

能够按照服装产品风格与功能的设计要求，进行服装材料的选配。

素质目标

通过对服装材料的认识与学习，领悟物各有利弊、人各有长短，只有扬长避短、因材施用，才能人尽其才、物尽其用。

课前思考

1. 服装材料为什么被称为服装设计的载体呢？
2. 对服装材料的评价可以从哪些方面进行？
3. 如何根据服装设计要求进行服装选材，从而达到最佳效果？

重点难点

1. 重点：服装材料设计的方法。
2. 难点：服装材料的评价方法。

服装材料（材质）是服装设计的载体，是构成服装的物质基础，在服装设计过程中，如何正确选材，充分发挥材料的性能和特色，对于提升服装设计最终效果至关重要。

任务一 了解常见服装材质的分类与特性

一、常见服装材质的分类

（一）按服装材质的原料来源划分

1. 天然纤维材质

天然纤维材质是指由自然界中原有的天然植物或动物纤维经过纺纱、织造加工形成的服装材质。主要包括四大类：棉织物、麻织物、丝织物、毛织物。它们具有优良的吸湿性和透气性，是天然绿色服装材质。

2. 化学纤维材质

化学纤维材质是指由人工利用天然聚合物或低分子物质制造而成的化学纤维，经过纺织加工形成的服装材质，包括再生（人造）纤维织物以及合成纤维织物。

四大天然纤维

3. 裘皮与皮革

裘皮与皮革是指由天然动物的毛皮经过加工处理形成的，或者人工仿造动物毛皮所制成的服装材质，有裘皮和皮革两类。

4. 新型纺织纤维材质

新型纺织纤维材质是指利用高科技对天然纤维和化学纤维进行改良，使之具有防污、超轻、防辐射、耐高温等特殊的服用性能的服装材质。如天然彩棉纤维材质、超细纤维材质、纳米纤维材质等。

（二）按服装材质的纤维成分划分

1. 纯纺织物

纯纺织物是指经纬纱线均采用同一种纤维的纯纺纱线而织成的织物，包括天然纤维纯纺织物、化学纤维纯纺织物。

2. 混纺织物

混纺织物是指经纬纱线均采用两种或两种以上纤维的混纺纱线而织成的织物。混纺织物具备了组成原料中各种纤维的优越性能。

3. 交织物

交织物是指经纱和纬纱采用了不同种纤维的纱线或同种纤维不同类型的纱线而织成的织物。交织物不仅集中了不同纤维的优良性能，还具有经纬向各异的特点。

（三）按服装材质的组织结构划分

1. 机织物

机织物又称梭织物，是由相互垂直配置的经纱与纬纱，在织机上按照一定规律纵横交错织成的制品。机织物品种丰富、花色繁多，具有结构稳定、布面平整等优点（如图4-1）。

2. 针织物

针织物是由一根或一组纱线在针织机织针上弯曲形成线圈，并相互串套联结而成的纺织品，按照织物的组织结构又可以分为经编针织物和纬编针织物。针织物弹性好、手感柔软、吸湿通透，是内衣、运动装等设计的首选材质（如图4-2）。

3.非织造物

非织造物是指未经过传统的织造工艺，直接由短纤维或长丝铺置成网，或由纱线铺置成层，经机械或化学加工连缀而成的片状物。

4.复合织物

复合织物是由两种或两种以上的织物或其他材料上下复合，形成新的多层结构的服装材料。

图 4-1　机织物

图 4-2　针织物

（四）按服装材质的染色情况划分

1.原色织物

原色织物是指未经任何印染加工而保持纤维原色的织物。如纯棉粗布、坯布等。外观较粗糙，呈本白色。

2.漂白织物

漂白织物是指坯布经过漂白处理之后的织物，也称漂白布。

3.素色织物

素色织物是指由本色织物经染色加工而形成的单一颜色的织物（如图4-3）。

4.印花织物

印花织物是指经过印花工艺处理而成的织物。表面具有花纹图案，颜色在两种或两种以上（如图4-4）。

图 4-3　素色织物

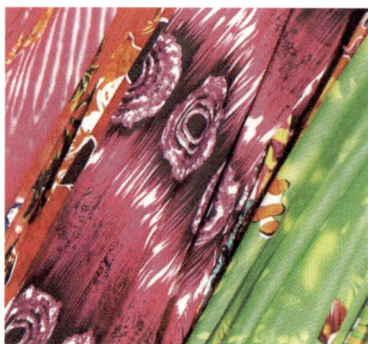

图 4-4　印花织物

5. 色织织物

色织织物是指先将纱线全部或部分染色整理，然后按照组织与配色要求织成的织物。此类织物具有丰富的条纹、格子、提花图案，立体感强（如图 4-5）。

6. 色纺织物

色纺织物是指将散纤维或毛条染色后加工织制的各种织物。此类织物具有混色效应，较之色织织物更具色彩的层次感（如图 4-6）。

图 4-5　色织织物

图 4-6　色纺织物

（五）按照服装材料的功能划分

1. 服装面料

服装面料指服装表面的材料，是构成服装的主要材料，不仅诠释了服装的风格和特性，而且直接左右着服装的色彩、造型的表现效果。常见的面料类别包括机织物、针织物、裘皮和皮革等。

2. 服装辅料

服装辅料指服装构成中，起到辅助作用的服装材料。可以分为里料、衬料、填料、线带材料、紧扣材料、装饰材料。辅料的选择与应用对服装功能的实现和艺术效果的呈现都有着不可或缺的作用。

二、常见服装材料的特性

（一）机织服装材料

1. 棉织物

棉织物外观朴实自然，手感柔软、吸湿透气性好、穿着舒适。但弹性较差、易缩水、易霉变。它经济实惠，受到广大消费者的喜爱。主要种类包括：平布、巴厘纱、府绸、斜纹布、卡其布、泡泡纱、灯芯绒、牛仔布等（如图 4-7）。

2. 麻织物

麻织物外观自然、粗犷，独具淳朴、野性之美。其吸湿性、透气性好于棉织物，且不霉不蛀，穿着凉爽舒适，不沾身，是夏季服装的优质材料，但存在手感粗硬、弹性差、易产生皱褶的缺点。其主要品种包括：亚麻布、苎麻细布及夏布等（如图 4-8、图 4-9）。

百变风格的
机织材质

朴实无华的棉
型风格织物

挺括质朴的麻
型风格织物

灯芯绒　　　　　　　　卡其布　　　　　　　　泡泡纱

巴厘纱　　　　　　　　　牛仔布

图 4-7　棉织物

图 4-8　亚麻布

图 4-9　苎麻夏布

师生互动

同学们，夏布是我国具有悠久历史的传统纺织品，它的原料就是苎麻，分析一下它的性能与特点。

3. 毛织物

毛织物按其生产工艺可以分为精纺毛织物和粗纺毛织物。

（1）精纺毛织物　精纺毛织物是由精纺毛纱织造而成，又称为精纺呢绒，属于高档服装材质。其结构细密、呢面洁净、织纹清晰、手感滑糯、富有弹性，是高档时装、西服、大衣的主要材质。其主要品种有：哔叽呢、啥味呢、华达呢、凡立丁、派力司、驼丝锦等（如图 4-10）。

奢华饱满的
毛型风格织物

哔叽呢　　　　　　啥味呢　　　　　　华达呢

凡立丁　　　　　　派力司　　　　　　驼丝锦

图 4-10　精纺毛织物

（2）粗纺毛织物　粗纺毛织物是由粗纺毛纱织制的织物，又称粗纺毛呢。此类织物手感丰满、质地柔软、蓬松保暖。常见的品种包括：麦尔登、海军呢、制服呢、法兰绒、粗花呢等（如图 4-11）。粗纺毛织物适合秋冬季节的大衣、外套、制服的设计。

麦尔登　　　　　　海军呢　　　　　　法兰绒

图 4-11　粗纺毛织物

4. 丝织物

丝织物自古以来就是高档服装材质，外观绚丽多彩、光泽明亮、悬垂飘逸、柔软滑爽、高雅华丽，有"纤维皇后"的美誉。丝织物的品种多达十四大类，在服装上常用的有：电力纺、富春纺、双绉、乔其纱、塔夫绸、柞丝绸、素软缎、花软缎、织锦缎、金丝绒等（如图 4-12）。丝织物适合设计制作礼服、旗袍、高档衬衫、裙子、睡衣等高档服装。

飘逸高雅的丝型风格织物

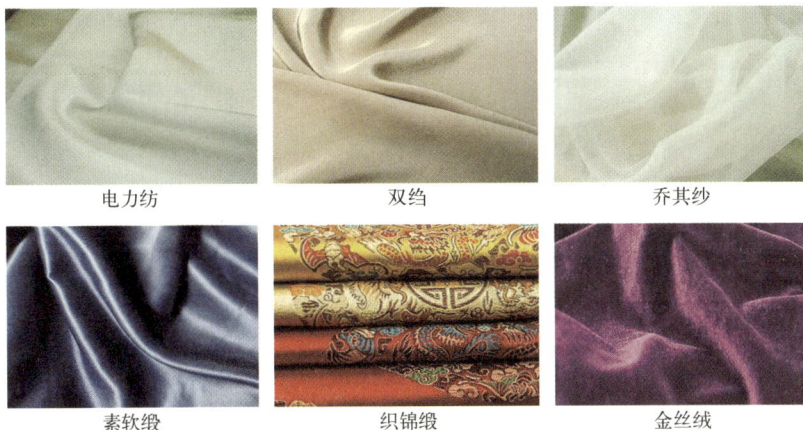

电力纺　　　　　　双绉　　　　　　乔其纱

素软缎　　　　　　织锦缎　　　　　　金丝绒

图 4-12　丝织物

香云纱本名"莨绸"，又名"响云纱"，是世界纺织品中唯一用纯植物染料染色的丝绸面料（如图4-13），2008年，香云纱染整技艺被列入国家级非物质文化遗产；2011年，原国家质检总局批准对香云纱实施地理标志产品保护；2020年，香云纱入选中欧地理标志第二批保护名单。

香云纱悠远而质朴的韵味，源自它独特的生产工艺与悠久的生产历史。一匹完美香云纱的诞生，要经过三洗九蒸十八晒，共几十道工序的制作过程。精炼的坯缎经过莨汁的浸润、晾晒，然后重复上述浸晒过程多遍，接下来是煮练，多次洗晒莨汁，再多次煮练洗晒，最后还要历经过河泥、洗涤、晒干、摊雾、拉幅、卷绸、整装环节。

图4-13 莨绸服装

在整个制作过程中离不开阳光，在阳光的照射下，薯莨汁与绸缎的肌理慢慢融为一体。为了形成最好的制作效果，犹如酿酒一般，面料还需保存"发色"6个月，甚至数年后才能使用。所以，每一匹香云纱的形成都可以说是"天时地利人和"的结果。

追溯香云纱的生产历史，早在唐代已有关于薯莨的记载，北宋沈括和明代李时珍都曾记述过薯莨的染色作用。明清时期，广东以其得天独厚的条件，制作的莨绸誉满天下，大规模出口海外。

在纺织科技高度发达的今天，香云纱古老而纯粹的生产技艺，使之犹如一颗熠熠生辉的黑珍珠，成为中国丝绸的著名产品。它以其健康环保、挺爽柔润、凉爽宜人、易洗易干、不沾皮肤、轻薄不易起皱、柔软而富有身骨的诸多优点，受到消费者欢迎。放眼未来，中国的设计师需要在继承和发扬传统的同时，运用现代设计理念，既突出莨绸的古雅神韵，又赋予其时尚的风采，使优秀传统产品在现代生活中发挥出更大的价值。

5. 再生纤维织物

（1）再生纤维素织物　再生纤维素织物的原料来自天然聚合物，如甘蔗渣、棉短绒、木材等，织物柔软，吸湿性、透气性、染色性能好，穿着舒适，体肤触感好。常用的品种有粘胶织物、莫代尔织物、天丝织物、醋酯织物等，是贴身内衣、瑜伽服、运动服、连衣裙、婴幼儿服装的理想材质。

（2）再生蛋白质织物　这类织物的性能类似天然动物纤维织物的性能，因此有人造羊毛、人造蚕丝之称。其特点是手感柔软，富有弹性，穿着舒适。大豆纤维织物、牛奶纤维织物、玉米改性纤维织物等都是人造蛋白质纤维织物的常见品种，适合内衣、床上用品、家居服的设计与制作。

6. 合成纤维织物

合成纤维的原料来自煤、石油等低分子物质，服装常用的合成纤维织物有涤纶织物、锦纶织物、腈纶织物、维纶织物、氨纶织物、丙纶织物等。它们具有强度大、弹性好、不霉不蛀、易产生静电等服用特点。

（1）涤纶织物　学名聚酯纤维织物。其弹性、抗皱性能好，被誉为"挺括不皱"的纤维。其耐磨性好，但易起毛起球，吸湿透气性差，穿着有闷热感，容易产生静电，易吸附灰尘，不易发霉虫蛀，是合成织物中用途最广、用量最大的一种。涤棉、涤麻混纺、涤纶仿毛等品种在日常生活中经常使用。

（2）锦纶织物　学名聚酰胺纤维织物，又称尼龙。其强度弹性好，耐用性好，挺括保型，穿着轻便，耐磨性在合成纤维中居首位，但吸湿性能差，是羽绒服和登山服的首选材料。

（3）腈纶织物　学名聚丙烯腈纤维织物，具有"合成羊毛"之称。其保暖性好，蓬松柔软，弹性好，色泽鲜艳，但吸湿性差，易起毛起球，常作为羊毛织物的替代品。

（4）维纶织物　学名聚乙烯醇纤维织物。其外观和手感与棉纤维相似，有"合成棉花"之称。维纶织物吸湿性好，弹性与棉接近，易褶皱，有优良的耐化学性。

（5）氨纶织物　学名聚氨基甲酸酯纤维织物，也称弹性纤维、莱卡。它具有高弹性、高伸长、高恢复性的特点，常与其他纺织纤维混合使用，如莱卡棉、莱卡羊毛等，增强了织物的弹性与舒适性。

（6）丙纶织物　学名聚丙烯纤维织物。其强度大、弹性好、耐磨性好、易洗易干，缺点是吸湿性差、耐热性差，是速干运动服装的极佳材料。

（7）氯纶织物　学名聚氯乙烯纤维。它具有难燃、保暖、耐晒、耐磨、耐蚀和耐蛀，以及弹性好的优点，但耐热性、吸湿性极差，染色性差，可以制造各种工作服、毛毯、帐篷等。

（二）针织服装材料

1. 经编针织物

是指采用一组或几组平行排列的纱线，于经向喂入针织机的所有工作针，同时进行成圈而形成的织物。它具有尺寸稳定性好，织物挺括抗皱，不易脱散，透气舒适的特点，不仅在服饰中应用广泛，如外套、衬衫、运动服、头巾、服装衬里、沙滩装、休闲服、睡衣等，还用于窗纱、桌布、沙发靠背和扶手、床罩等装饰织物。常见品种有网眼布、提花布、蕾丝花边等（如图4-14）。

伸缩自如的
针织材质

网眼布

提花布

蕾丝花边

图4-14　经编针织物

2. 纬编针织物

指将纱线由纬纱喂入针织机的工作针上，使纱线有顺序地弯曲成圈并相互穿套而形成的织物。它具有良好的弹性和延伸性，织物柔软、透气，易洗快干，但不够挺括，易脱散。从贴身穿着的内衣，到时尚T恤、运动服、休闲装，还有围巾、帽子、手套等服饰品，纬编针织物在服装中得到了广泛使用。常见品种有汗布、罗纹布、涤盖棉、棉毛布、华夫格、摇粒绒、天鹅绒、毛巾布等（如图4-15）。

（三）其他面料

1. 裘皮面料

（1）天然裘皮　也称毛皮、皮草等，是指用动物的毛皮经过鞣制加工而成的材料。天然裘皮具有明亮的光泽和独特的纹理，手感柔软、保暖性能好，是高档裘皮大衣的主要材料。

（2）人造裘皮　是仿裘皮织物的统称。它质轻、保暖、价格实惠，适合于制作女式冬装、童装的衣领、袖边。

| 汗布 | 罗纹布 | 涤盖棉 |
| 摇粒绒 | 天鹅绒 | 毛巾布 |

图 4-15　纬编针织物

2. 皮革

（1）天然皮革　是指动物的皮经过鞣制加工后，成为具有一定柔韧性及透气性等服用性能且不易腐烂的皮质材料，常见的有猪皮、牛皮、羊皮。

（2）人造皮革　是指用化学原料模仿天然动物皮革的制品，可分为人造革和合成革。

学习竞技台

● 知识冲浪（30分）

将正确的选项填在括号中，每题 6 分，共计 30 分。

1. 强度弹性好，耐用性好，挺括保型，穿着轻便，耐磨性在合成纤维中居首位，但吸湿性能差，又称"尼龙"的纺织纤维是（　　）。

A. 涤纶　　　　　　　B. 锦纶　　　　　　　　C. 腈纶　　　　　　　　D. 氨纶

2. 吸湿、透气性好于棉织物，且不霉不蛀，穿着凉爽舒适，不沾身，非常适合夏季服装的优质材料是（　　）。

A. 氨纶织物　　　　　B. 苎麻织物　　　　　　C. 羊毛织物　　　　　　D. 蚕丝织物

3. 学名为聚丙烯腈纤维织物，保暖性好，蓬松柔软，弹性好，色泽鲜艳，但吸湿性差，易起毛起球，具有"合成羊毛"之称的合成纤维是（　　）。

A. 维纶　　　　　　　B. 丙纶　　　　　　　　C. 腈纶　　　　　　　　D. 涤纶

4. 针织物与机织物的组织结构进行比较，其特点表现为（　　）。

A. 针织物比机织物结构更稳定、不易变形

B. 针织物比机织物的弹性、伸缩性好

C. 针织物比机织物更容易勾丝与起球

D. 针织物比机织物手感柔软、透气性好

5. 我国历史悠久的手工织造面料，以苎麻为原料，质地轻薄，色泽自然，环保健康，它是（　　）。

A. 细布　　　　　　　B. 府绸　　　　　　　　C. 夏布　　　　　　　　D. 莨绸

● 技能演练（70分）

以 3 人组建项目团队，选择 5 种机织面料和 5 种针织面料，分析其成分和性能特点以及适用于什么类型的服装，根据以上要求制作 PPT，选派代表进行汇报发言。完成要

求如下。

1. 团队组建与任务分配

3 人一组，确定团队名称。明确分工，分别负责面料信息收集整理、PPT 制作以及汇报演讲等工作，确保团队协作顺畅。

2. 面料选择与信息调研

① 面料挑选：各选择 5 种有代表性的、当下比较流行的机织面料和针织面料。

② 成分分析：准确分析每种面料的纤维成分，并说明各成分比例。

③ 性能特点研究：正确分析面料的强度、耐磨性、弹性、透气性、吸湿性等内在性能，准确描述面料的手感（如柔软、粗糙、光滑等）和外观特征（如光泽、纹理、悬垂性等）。

3. 适用服装类型分析

结合面料的成分与性能特点，综合穿着场景与季节，阐述每种面料适合制作的服装类型。

4. PPT 制作要求

封面包含团队名称、课程名称、作业主题。目录清晰，有面料介绍、性能分析、适用服装类型等板块。内容翔实，文字简洁，搭配高质量面料图片及服装示例图片，必要时用图表展示性能数据对比。整体风格简洁明了，色调协调。

5. 汇报发言要求

代表表达清晰，语速适中，熟练运用专业术语，准确传达信息。能够脱稿或少量参考 PPT 进行讲解，时间控制在 10 ～ 15 分钟，与观众保持良好眼神交流并适时互动。

6. 作业提交要求

团队需在规定的截止日期前同时提交 PPT 文件电子版和打印版，文件命名格式为 "团队名称 _ 面料性能及风格分析 .pptx"。

● 任务评价

《面料性能及风格分析》技能演练项目评分表

团队成员：　　　　　　　　项目名称：　　　　　　　　最终得分：

一级评价指标	二级评价指标	评价观测点	得分
面料选择与信息收集（15分）	面料种类完整性（8分）	1. 准确选择了 5 种机织面料和 5 种针织面料，每少一种扣 1 分。 2. 所选面料涵盖不同材质类别（如棉、麻、丝、毛、化纤等），种类丰富多样，得 6 ～ 8 分；若面料材质较为单一，得 1 ～ 5 分	
	信息准确性（7分）	1. 对面料成分的分析准确无误，每种面料成分表述错误扣 2 分。 2. 详细列出面料成分比例（若有多种成分），信息完整得 5 ～ 7 分；比例信息缺失或模糊，得 0 ～ 4 分	
面料性能特点分析（15分）	内在性能（8分）	1. 正确分析面料的强度、耐磨性、弹性、透气性、吸湿性等物理性能，每一种性能分析准确且有深度。（4分） 2. 阐述面料的耐酸碱性、染色性、抗皱性等化学性能特点，每种性能分析合理。（4分）	
	手感与外观（7分）	1. 准确、细致描述面料的手感（如柔软、粗糙、光滑等）和外观特征（如光泽、纹理、悬垂性等）。（4分） 2. 能够解释手感与外观和面料成分、性能之间的关系。（3分）	

续表

一级评价指标	二级评价指标	评价观测点	得分
服装适用性分析（10分）	服装类型匹配（5分）	1. 针对每种面料，合理分析并列举出适合制作的服装类型（如衬衫、连衣裙、西装、运动装等），每种面料适配服装类型分析准确且有针对性得 1～3 分 2. 考虑到不同服装风格（如休闲、商务、时尚、运动等）与面料性能的契合度，分析全面得 4～5 分	
	穿着场景与季节考虑（5分）	阐述面料所制服装适合的穿着场景（如工作、社交、运动、家居等）和季节特点（春夏秋冬），每种面料的穿着场景与季节分析合理得 3～5 分	
PPT 制作（10分）	视觉效果（4分）	整体页面布局合理美观，色彩搭配协调，文字与图片比例恰当，得 2～4 分。若页面过于拥挤、杂乱或色彩刺眼，得 0～1 分	
	内容架构（6分）	PPT 涵盖面料选择、成分性能分析、服装适用性等关键内容，信息完整且逻辑清晰，图表、数据等辅助说明材料丰富且有效，适当运用动画效果、切换效果等增强演示效果，但不影响内容展示和观看体验	
汇报表现（10分）	语言表达（6分）	1. 发言流畅自然，无明显卡顿、重复或口头禅。（2分） 2. 语速适中，语调富有变化，能够吸引听众注意力。（2分） 3. 用词准确、专业，能够清晰地传达设计理念和分析内容。（2分）	
	仪态仪表（4分）	1. 站立或坐姿端正，肢体动作自然得体，无多余小动作。（2分） 2. 表情自信、亲和，与观众有良好的眼神交流。（1分） 3. 着装整洁、得体，符合演练场合的氛围。（1分）	
团队协作（10分）	分工明确（4分）	1. 团队成员任务分配清晰合理，每位成员的职责和工作内容明确界定。（2分） 2. 在调研、PPT 制作、汇报准备等各个环节，成员均能按照分工高效执行任务。（2分）	
	协作效果（6分）	1. 团队成员之间沟通顺畅，信息共享及时有效，在遇到问题或分歧时能够通过积极协商达成一致解决方案。（3分） 2. 整个项目过程中团队氛围良好，成员相互支持、配合默契，能够充分发挥团队整体优势。（3分）	

改进建议：

● 学生得分总评

知识冲浪分值：_____　　　技能演练分值：_____　　　评价人：_____

任务二　掌握服装材质的评价方法

对服装材质的评价是服装设计过程中的一项重要任务，通过评价可以衡量服装材质与服装舒适度、外观和耐用性等要求是否匹配。在评价服装材质时，可以从外在风格和内在性能两个方面进行评价。

一、外在风格评价

服装材料的视觉效果直接影响服装的整体设计效果，材料外在风格评价主要包括光感、色感、型感、质感四个方面。

服装材料外在风格评价

（一）服装材料的光感

1.定义

光感是指材料表面的反射光呈现明亮的光泽，具有华丽、富贵、前卫、高贵之感，适合礼服、表演服、社交的时尚服装。

2.种类

（1）光感较强的面料　丝型风格织物、荧光色涂层织物、金银丝夹花织物、轧光织物、皮革材质、金属亮片材料等（如图4-16）。

图4-16　各种光感较强的面料

（2）光感较弱的面料　棉麻材质以及经过水洗、磨绒和拉毛的材质。它们具有朴素、稳重、淳厚、内敛之感，适宜一般的生活、休闲服装。

（二）服装材料的色感

1.定义

色感是指由材料本身所具有的色彩或图案形成的外观效果。不同的色感，产生不同的心理、视觉感受，具有膨胀、收缩之感或喜悦、悲伤的情感色彩。

2.种类

不同的材质，形成不同的色感，如黑色的毛呢具有温暖感，黑色的皮革具有冷硬感等（如图4-17～图4-19）。

（三）服装材料的型感

1.定义

型感是指材质对服装外形塑造成型的视觉效果，型感取决于材料的挺括平整、柔软飘逸、悬垂、丰厚感等。

图 4-17　黑色丝绸

图 4-18　黑色毛呢

图 4-19　黑色皮革

2. 种类

（1）挺括平整的面料　毛、麻织物、各种化纤混纺织物、涂层及较厚的牛仔面料、条绒面料、皮革等。此类材质适宜制作套装、西服等款式。

（2）柔软悬垂的面料　精纺呢绒、重磅真丝织物、各类丝绒、针织面料等。此类材质宜用于各种长裙、大衣、风衣、套装类女装，体现舒展、潇洒的风格，较好地表现人体曲线。

（3）弹性伸缩的面料　含有莱卡纤维成分的织物、针织织物。此类材质常用于内衣、运动服、毛衣、裙装等。

（四）服装材料的质感

1. 定义

质感是指织物手感质地，包括粗厚、爽薄、滑糯、细腻、粗犷、光滑、柔顺、飘逸等。

2. 种类

（1）爽薄透明的面料　纱罗、乔其纱、巴厘纱、透明雪纺纱、蕾丝织物等。这些面料精致、轻盈、朦胧，透露出迷人、神秘之感，具有很强的装饰性（如图 4-20）。

（2）粗厚蓬松的面料　粗花呢、膨体大衣呢、花呢、绒毛感的大衣呢、裘皮面料。这些面料给人以蓬松、柔软、温暖、扩张之感（如图 4-21）。

（3）光洁细腻的面料　细特高密府绸、细特强捻薄花呢、超细纤维织物、中长仿毛织物等，有高档、细密的风格（如图 4-22）。

图 4-20　薄纱

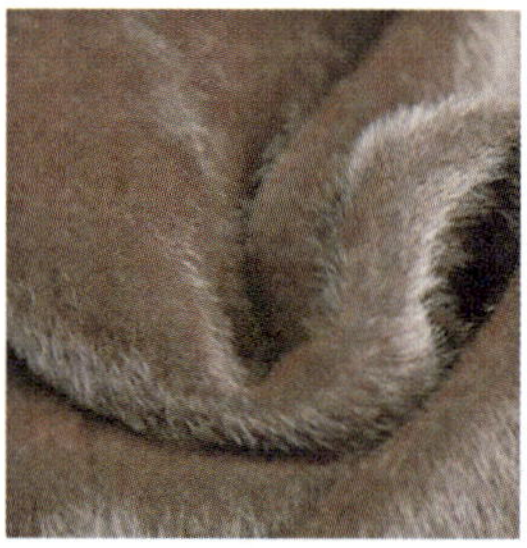
图 4-21　毛皮

图 4-22　中长织物

二、内在性能评价

（一）服装材料的耐牢性

1. 定义

耐牢性是指服装在穿着打理过程中，遇到拉伸、撕裂、摩擦等外力作用，服装材料对这些外力的抵抗能力。它关系到服装的服用性能和使用寿命。

2. 评价标准

（1）拉伸断裂程度　一般天然纤维织物拉伸断裂程度从大到小的顺序是：苎麻、蚕丝、棉、羊毛。化纤织物拉伸断裂程度从大到小的顺序是锦纶、维纶、涤纶、丙纶、腈纶、氯纶、富强纤维、粘胶纤维、醋酯、氨纶。苎麻比丙纶织物稍差些。拉伸断裂强度高的织物服用牢度也好。

（2）撕裂强度　撕裂强度的好坏与纱线强度大小成正比，与织物的密度成反比，因此，平纹织物的撕裂强度较低，斜纹织物居中，缎纹织物较大。

（3）耐磨性　织物的耐磨性与原料的性质、纱支规格、织物组织等因素有关，一般厚型织物耐磨性较好，薄型织物稍差些。

（4）耐热性　一般天然纤维织制的织物耐热性从优到劣的顺序是：棉、丝、麻、毛。化纤织物从优到劣顺序是：涤纶、锦纶、腈纶、维纶、氨纶、丙纶等。

（5）耐晒性　各种织物耐晒性从优到劣的顺序是：腈纶、麻、棉、毛、醋酯、涤纶、氯纶、富强纤维、粘胶纤维、维纶、氨纶、锦纶、蚕丝、丙纶等。

（二）服装材料的舒适性

1. 定义

舒适性是指在人们穿用某种服装材料过程中，使人在生理上感受到的舒适性能。它是衡量服装质量的一个重要指标，直接影响着人们对服装的接受程度和穿着体验。

2. 评价标准

（1）吸湿散热性　织物的吸湿性取决于纤维的组成结构和织物的组织。吸湿性能好的织物能及时有效地吸收人体排出的汗液，起到散热和调节体温的作用，从而使人感觉舒适。纺织纤维吸湿性大小排列顺序为：羊毛、粘胶纤维、苎麻、亚麻、棉、蚕丝、维纶、锦纶、腈纶、涤纶、丙纶、氯纶。

（2）透湿透气性　织物的透湿透气性主要取决于纱线之间、纤维之间的间隙和纤维的横截面形态。它是衡量服装舒适性的重要指标。如夏天时，对衣料的透气性要求较高，穿着透气性好的织物会使人感觉凉爽舒适。棉、麻、丝、毛等天然纤维面料以及天丝、莫代尔、醋酯、铜氨丝等再生纤维面料的透湿透气性优于涤纶、腈纶、锦纶等合成面料。

（3）柔软亲肤性　主要涉及服装材料与人体皮肤接触时的感觉。它包括材料的柔软度、粗糙度、弹性等因素。例如，羊绒纤维非常柔软，其制成的服装与皮肤接触时，会给人一种轻柔、舒适的触感，不会对皮肤造成刺激。而一些粗硬的纤维，如麻纤维，在未经特殊处理时，其织物表面相对粗糙，可能会引起皮肤的不适感。

学习竞技台

● 知识冲浪（30分）

将正确的选项填在括号中，每题6分，共计30分。

1. 下列纤维耐热性能从优到劣的顺序是（　　　）。

A. 涤纶＞锦纶＞腈纶＞维纶＞氨纶　　　　　B. 棉＞涤纶＞羊毛＞腈纶＞蚕丝

C. 羊毛＞蚕丝＞棉＞涤纶＞锦纶　　　　　　D. 涤纶＞腈纶＞棉＞羊毛＞蚕丝

2. 下列属于爽薄透明面料的是（　　　）。

A. 粗花呢　　　　　　B. 巴厘纱　　　　　　C. 府绸　　　　　　D. 毛皮

3. 服装材料舒适性的评价标准有（　　　　）。

A. 服装材料的吸湿散热性　　　　　　　　B. 服装材料的透湿透气性

C. 服装材料的柔软亲肤性　　　　　　　　D. 服装材料的美观装饰性

4. 影响服装外观风格效果的因素有（　　　　）。

A. 服装材料的光感　　　　　　　　　　　B. 服装材料的型感

C. 服装材料的色感　　　　　　　　　　　D. 服装材料的质感

5. 用于儿童内衣设计的服装材料应具备的性能有（　　　　）。

A. 优良的弹性　　　　　　　　　　　　　B. 手感柔软、吸湿透气

C. 挺阔保型　　　　　　　　　　　　　　D. 悬垂飘逸

● 技能演练（70 分）

以 **3 人组建项目团队，选取国内运动品牌和西服品牌的服装产品进行调研，分析其服装材质的特点，制作 PPT，选派代表进行汇报发言。完成要求如下。**

1. 团队组建与规划

3 人一组，确定团队名称，明确成员分工，包括资料收集员、PPT 制作者、汇报演讲者，确保各司其职，高效协作。

2. 品牌与产品选择

① 运动品牌：挑选国内知名且具有代表性的运动品牌，如李宁、安踏等，选取其不同系列、不同功能（如跑步、篮球、健身等）的服装产品，至少涵盖上衣、裤子、外套等品类。

② 西服品牌：选择国内有影响力的西服品牌，像雅戈尔、报喜鸟等，挑选不同款式（如商务正装、休闲西服）、不同季节（春夏、秋冬）的西服产品进行研究。

3. 服装材质特点分析

① 材质成分：确定服装所使用的主要材质成分，如运动品牌服装中常见的聚酯纤维、氨纶、棉质等，西服品牌服装中的羊毛、聚酯纤维、桑蚕丝等，并分析各成分比例对材质性能的影响。

② 性能特点：运动品牌要着重研究材质的透气性、吸湿性、弹性、耐磨性、速干性等性能，阐述这些性能如何满足运动过程中的身体需求和穿着舒适度；西服品牌要注重分析材质的挺括度、光泽度、抗皱性、保暖性（针对秋冬款）等特点，说明这些特性与西服的版型、外观质感以及穿着场合的适配性。

4. PPT 制作要求

封面展示团队名称、课程名称、调研品牌类型。目录清晰，包括品牌介绍、运动品牌材质分析、西服品牌材质分析、总结等板块。内容丰富，图文并茂，用高清图片展示服装产品，结合简洁文字说明材质特点，可适当运用图表对比不同品牌、不同产品的材质差异。整体风格简约专业，色彩搭配协调。

5. 汇报发言要求

代表语言表达流畅清晰，语速适中，熟练运用专业术语阐述调研成果。能脱稿或少量参考 PPT 进行讲解，时间控制在 10 分钟之内，注重与观众眼神交流并适当互动，增强汇报效果。

6. 作业提交要求

团队需在规定的截止日期前同时提交 PPT 文件电子版和打印版，文件命名格式为 "团队名称 _ 品牌服装产品服装材料选用分析 .pptx"。

● 任务评价

《品牌服装产品服装材料选用分析》技能演练项目评分表

团队成员：　　　　　　项目名称：　　　　　　最终得分：

一级评价指标	二级评价指标	评价观测点	得分
服装风格与材质分析（30分）	风格解读（10分）	1. 精准且全面地阐述运动品牌和西服品牌服装的风格特点，如运动品牌的运动活力风格体现（色彩运用、款式设计的运动感）、西服品牌的商务或时尚风格特征（版型、细节设计与风格的关联），并能分析风格形成与目标受众、市场定位的关系，得8～10分。 2. 能较好地描述主要风格特点，有少量遗漏或分析深度稍欠，得5～7分。 3. 风格解读片面、不准确或存在较多错误理解，得0～4分	
	材质分析（20分）	1. 外在风格（6分）：详细分析服装材质的外观质感（如光感、色感、型感、质感）对服装整体风格的塑造作用，且能结合品牌形象深入探讨，得5～6分；有基本分析但不够全面深入，得3～4分；仅简单提及外观，缺乏与风格关联分析，得0～2分。 2. 成分构成（8分）：准确识别并完整说明服装材质的纤维成分（天然纤维、化学纤维及混纺比例等），深入分析成分对服装性能、成本、品质的影响，且能对比不同品牌在成分选择上的差异与原因，得6～8分；成分分析基本正确，有一定影响分析但不够深入系统，得3～5分；成分识别错误或仅简单罗列，缺乏分析，得0～2分。 3. 内在性能（6分）：准确阐述服装材质的内在性能（如透气性、吸湿性、弹性、耐磨性、染色性等）、保养要求、使用特点等，得5～6分；性能分析有一定涵盖面但不够精准或缺乏案例支撑，得3～4分；仅提及少数性能或描述模糊，得0～2分	
PPT制作（15分）	视觉效果（7分）	1. 整体页面设计风格统一且富有创意，色彩搭配协调美观，符合服装品牌的形象与风格特点（如运动品牌采用鲜明活泼的色彩，西服品牌采用稳重典雅的色调），背景简洁大方不影响文字与图表展示，字体选择恰当，排版整齐美观，页面元素布局合理，视觉效果良好，得6～7分。 2. 设计风格基本统一，色彩与字体搭配无明显冲突，但缺乏创意与精致感，视觉效果一般，得4～5分。 3. 页面设计混乱，色彩搭配不协调、刺眼，字体选择随意，排版杂乱无章，背景与内容相互干扰，严重影响观看体验，得0～3分	
	内容架构（8分）	1. 文字内容简洁精练、重点突出，能够准确概括服装调研的关键信息，图表类型丰富多样且制作精良（如数据图表、实物图片、材质微观结构图片、款式设计图等），图片清晰、分辨率高且与文字内容紧密配合，相互补充，能够生动形象地展示服装风格特点与材质分析结果，得6～8分。 2. 文字与图表数量适中，能基本满足展示需求，但存在部分文字表述冗长、图表制作不够精细、图片质量一般或图文关联不够紧密的情况，得3～5分。 3. 文字过多或图表缺失，无法有效辅助说明服装调研内容，或者文字与图表内容不匹配，得0～2分	

一级评价指标	二级评价指标	评价观测点	得分
汇报表现 （10分）	语言表达 （6分）	1. 语速适中，发音标准清晰，语言组织逻辑性强，能够运用专业术语准确且流畅地讲解服装调研内容，无明显停顿、重复或口头禅，得5～6分。 2. 语速、发音、逻辑有少量瑕疵，但不影响整体表达效果，得3～4分。 3. 语速过快或过慢，发音不清晰，逻辑混乱，表达不连贯，频繁卡顿或出现较多语病，得0～2分	
	仪态仪表 （4分）	1. 站立或坐姿端正优雅，身体姿态稳定，表情自然亲和，眼神自信且与观众有良好的互动交流，手势运用自然得体且能有效辅助讲解内容，得3～4分。 2. 仪态基本符合要求，无明显失态，但不够自信大方，表情、眼神或手势稍显生硬，得2分。 3. 姿态不端正（弯腰驼背、身体摇晃等），表情紧张僵硬或不自然，眼神游离不定，无手势或手势过多且杂乱无章，得0～1分	
团队协作 （15分）	分工明确 （5分）	1. 制订详细的书面分工计划，任务分配合理均衡，与团队成员的专业技能、兴趣特长高度匹配，各成员职责清晰明确，无任务重叠或遗漏现象，得4～5分。 2. 有分工安排，任务分配基本合理，但存在个别成员职责不够清晰或工作量略有不均的情况，得2～3分。 3. 缺乏明确的分工计划，任务随意分配，成员职责混乱，存在大量任务重叠或无人负责的任务，得0～1分	
	协作效果 （10分）	1. 团队成员在整个实训项目过程中沟通频繁、高效，信息共享及时全面，能够积极主动地配合其他成员完成任务，遇到问题或分歧时能够通过友好协商迅速达成一致解决方案，项目推进顺利，最终成果质量高且充分体现团队协作的优势，得8～10分。 2. 团队成员有一定的沟通协作能力，能够完成主要任务，但沟通不够及时主动，偶尔出现意见不合导致工作进度稍有延误，项目成果存在少量瑕疵，得5～7分。 3. 团队内部沟通不畅，协作松散，成员之间缺乏配合意识，经常出现矛盾冲突且难以解决，导致项目进度严重滞后，成果质量差，得0～4分	

改进建议：

● 得分总评

知识冲浪分值：_____　　　技能演练分值：_____　　　评价人：_____

任务三 ▶ 服装材质的选配

一、服装材质选配的原则

在进行服装材质选配前，为确保材质能够满足服装的功能性、美观性以及舒适度等设计要求，要遵循"4W+1H"的选配原则（如图 4-23）。

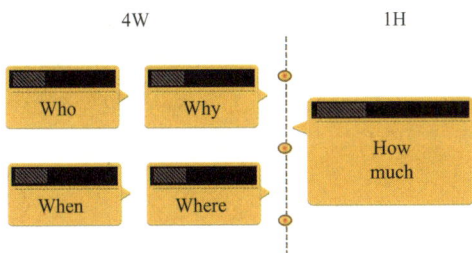

图 4-23　4W+1H 选配原则

服装材料的
设计选择

（一）Who——明确为谁选择材质

根据材质使用群体的生理特征和穿着需求进行选择，特别是特殊人群的需求，如进行婴幼儿服装选材时，不仅要求材质柔软、透气、吸湿、亲肤，而且要具有一定的抗菌功能，并杜绝使用含有荧光剂、甲醛等有害物质的材质，使服装符合舒适与健康性要求。

（二）Why——明确选择材料的方向与目标

根据服装设计的动机和目的，明确服装材质选定的范围，为后续开展具体材质的选择奠定基础。比如内衣类的服装材质范畴以针织物为主，可以根据具体的内衣品类在针织物里面再做选择。

（三）When——明确什么时候使用什么材质

首先是根据服装穿用的季节变化进行材质的选择。比如秋冬季材质一般要求丰厚保暖，春夏季的材质则需要轻薄、透气，具备防晒、防紫外线的功能。其次是根据具体的时间要求进行材质的选择，比如西式晚礼服是晚上 8:00 以后穿用的正式礼服，为凸显其高雅、华丽的外观风貌，与晚会的灯光交相辉映，晚礼服的首选材质通常为色彩浓郁、富有光泽的塔夫绸、贡缎、蕾丝等（如图 4-24）。

（四）Where——明确在什么地点与环境中使用什么材质

根据服装穿用的地点和环境进行材质的选择，尤其是对职业装、工装的选材更为突出。如餐厅服务员工装的选材，根据其工作特点与工作内容，材质首要考虑应具备耐磨、耐穿、易清洁、易打理的性能（如图 4-25）。

（五）How much——明确材质的档次与价格

服装材质的选配应遵循产品定位和市场需求。不同品牌、不同风格的服装在材质选择上往往有着明确的定位和要求。例如，高端品牌可能更倾向于选择天然、高质量的面料，以体现其产品的奢华和质感；而快时尚品牌则可能更注重面料的多样性和成本效益，以满足消费者对时尚和性价比的追求。

图 4-24　晚礼服材质设计

图 4-25　餐厅服务员工装

二、服装材质选配的内容

（一）面料的选配

面料是服装构成的主要材料，因此首先要根据服装设计的风格、功能等要求完成面料的选择。

1.同质面料组合

（1）定义　使用相同或相似材质的面料进行搭配和组合（如图 4-26）。

（2）特点　同质面料组合能够营造出和谐统一的视觉效果，使整体风格更加协调。设计师可以选择相同材质但不同颜色、纹理或图案的面料进行搭配，通过面料之间的微妙差异来丰富服装的层次感和细节感。由于面料材质相同，加工过程中可以更好地控制面料的性能和质量，提高加工效率和产品质量。同时，同质面料组合还可以降低生产成本，提高经济效益。

2.异质面料组合

（1）定义　将不同特性、外观的面料组合在一起，创造出独特的视觉效果和触感体验（如图 4-27）。

图 4-26　同质面料组合

图 4-27　异质面料组合

（2）特点 这种组合方式不仅丰富了设计的多样性，带来意想不到的美学效果，还实现了多种功能性的提升。比如在户外服装中，将防水面料与透气面料进行组合，保持服装的干爽舒适；在运动装备中，将弹性面料与吸汗速干面料相结合，在提高运动舒适度的同时给运动员最大的活动空间。

（二）辅料的选配

服装辅料的选配对于完善服装设计效果与功能至关重要，每一类辅料都有其特定的功能和用途，选配时需根据服装的具体需求进行。

1. 根据面料特性选配辅料

（1）里料的选配 里料是服装夹里的材料，其性能应与面料相匹配，包括缩水率、耐热性能、耐洗涤、强力以及厚薄、重量等。同时，里料的颜色应与面料相协调，一般情况下，里料的颜色不应深于面料。

（2）衬料的选配 衬料包括衬布与衬垫两种，主要用于增加服装的挺括性和稳定性。选择衬料时，应考虑其颜色、单位重量、厚度、悬垂等方面与面料的匹配性。同时，衬料的热缩率应尽量与面料的热缩率一致，以确保服装在穿着和洗涤过程中保持形态稳定。

（3）填料的选配 填料主要用于保暖及隔热，根据服装的用途和季节选择合适的填料。例如，冬季滑雪登山用的运动服可采用蓬松、柔软、回弹性好、比重轻、保暖性强的羽绒材料；而冬季的棉服则可采用棉花作为填充料。

（4）紧扣材料的选配 紧扣材料用于提高穿着的便捷性和舒适度，应注重便于穿脱和可调节性。常见的类别包括纽扣、拉链、挂钩等，选配时注重在材质和色彩上与面料保持相同的属性，如棉麻面料对应木质纽扣，牛仔或皮革厚实的材质适合金属拉链和金属纽扣等，以确保整体设计的完美呈现。

2. 根据款式要求选配辅料

根据服装的款式和设计风格确定辅料类别，进行针对性地选配。例如，在设计具有特殊装饰效果的服装时，可以选用具有独特纹理和颜色的纽扣、拉链等紧扣类材料；在设计奢华礼服时，可以选用不同色彩的缎带、蕾丝花边和钉珠亮钻材料进行装饰。

3. 根据加工工艺选配辅料

加工工艺也是影响辅料选配的重要因素之一。不同的加工工艺对辅料的要求不同。例如，在缝制过程中，需要选择耐高温、强度高的缝纫线；在熨烫过程中，需要选择耐热度不低于面料的里料和辅料，以防止熨烫时辅料变质或熔化。

4. 考虑市场需求和成本

在选配辅料时，还需要考虑市场需求和成本因素。市场需求决定了辅料的种类和数量；而成本则决定了辅料的质量和价格。因此，在选配辅料时，需要在满足市场需求的前提下，尽可能控制成本，提高产品的性价比。

三、服装材质选择的方法

（一）根据服装风格

1. 华丽古典风格

可采用塔夫绸、天鹅绒、丝缎、织锦等格调高雅、光泽明亮、身骨硬挺、厚重悬垂的高档材质（如图4-28）。

2. 柔美雅致风格

可采用柔软、平滑、飘逸的材质，如乔其纱、雪纺、薄针织物、镂空蕾丝等面料（如图4-29）。

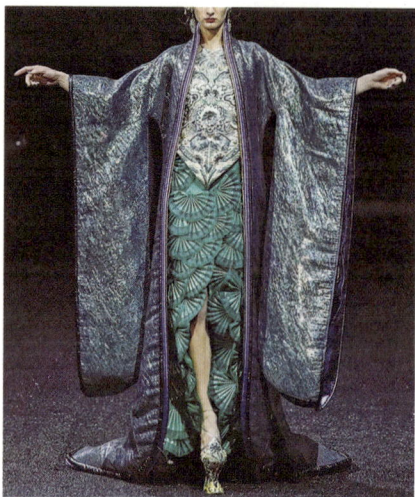

图 4-28　华丽古典风格服装

图 4-29　柔美雅致风格服装

3. 田园民族风格

多采用风格质朴、自然的传统面料，如手工织造的棉布、麻布，手工编织物、粗纺毛呢等，并加以扎染、蜡染、民间刺绣、镶、嵌、盘、滚等装饰手法（如图4-30），配以网、绳、羽毛等具有原始美感的装饰物。

4. 时尚前卫风格

首选带有闪亮铆钉的皮革、牛仔布、金属涂层、人造毛皮等有较强质感和硬度的面料。其次可选择有抽象图案或经过再造加工的特殊肌理材质，展现其独特的魅力和个性（如图4-31）。

图 4-30　田园民族风格服装

图 4-31　时尚前卫风格服装

（二）根据穿用场合和功能要求

1. 休闲服装

是指简洁、自然的生活服装。根据不同的类别，又包括：时尚型休闲装，常选用莫代尔与天丝的混纺织物、纯棉或棉混纺与金属丝交织而成的织物，展现现代感与时尚感；浪漫型休闲装，以柔和、轻薄飘逸型的面料为主；古典型休闲装，适合选用质地紧致、平挺的面料，如精梳棉平纹织物等。

2. 运动服装

是指符合运动要求，方便人体在运动中舒展自如的服装。该类服装常选用具有吸湿、透气、轻薄、速干、防风、防水功能的材质，如针织弹力织物、针织网眼织物、石墨烯材质等。

3. 家居服

是指居家时穿用的服装。其面料选用以柔软舒适为主，常选用吸湿、透气、保暖、易于清洗的面料，如棉质毛圈织物、竹纤维、莫代尔、法兰绒、珊瑚绒等。

4. 特种服装

是指在特定场合穿用的具有保护穿着者免受各种潜在危害，确保穿着者在各种工作环境中的安全和健康的功能性服装。该类服装在面料上要求选用具备一定功能的材料，如隔热阻燃面料、防静电面料、耐酸碱面料、防水抗油面料、防辐射面料、防紫外线面料、防尘面料、防雾霾面料等。

师生互动

同学们，近年来汉服设计受到越来越多人的青睐，请分析一下汉服服装材料的选择要求。

（三）根据服装档次

1. 高级时装

首选最新开发、价格昂贵的材质，包括丝绸、皮革、涂层面料、皮草等材质。也会对材料经过热压、黏合、车缝、补、磨、绣、拼等工艺手段，形成立体的、多层次的设计效果，展示洒脱飘逸、大气、浪漫、个性的服装风格特点。

2. 高级成衣

主要选择原料好、质量优、工艺精、价格高的纯纺或混纺的服装材料，如精纺羊绒、真丝绸缎、棉麻等。

3. 普通成衣

与高级时装和高级成衣相比较，材料选择具有多元化、丰富化特点，根据服装具体类别和销售成本，棉、麻、丝、毛织物都可以选用。

（四）根据年龄区间

1. 婴儿服装

婴儿服装材料主要考虑保暖性、亲肤性、健康性、舒适性等因素，多以天然棉纤维针织物为主，如针织汗布、棉毛布等。

2. 童装

童装款式特点是服装的款式造型简洁，便于儿童活动。其服装材料应注重环保性、耐磨性、吸湿性、透气性、保暖性等，常选用纯棉、涤棉、天然彩棉、人造纤维织物，如牛仔布、灯芯绒、涤盖棉等。

3. 青年装

材料选择注重舒适性、时尚性、功能性等因素，如金属光泽的面料、磨毛水洗材料、针织复合材料、涂层材料等。

4. 中老年装

注重材料的舒适性、保暖性、健康性、易打理和实用性，因此，一般会选择柔软、透气的棉、麻、丝绸等天然面料，或选择保暖性好的羊毛、羽绒、羊绒等面料。

（五）根据季节

1. 春秋服装

春秋季是气温比较不稳定的季节，人们在选衣时，主要考虑选择易于层叠搭配的服装。因此，服装面料的选用一般以薄纱、缎面、丝绵、针织、长袖T恤等透气、舒适的面料为主，或选用具有一定防风、防水功能的面料。

2. 夏季服装

夏季是气温最高的时候，因此，人们在服装材料的选用上一般考虑吸湿排汗、透气、凉爽的面料，常选用纯棉、棉涤、麻、棉麻等织物。

3. 冬季服装

冬季服装要具备防寒、保暖的功能，因此，面料上主要选择粗厚毛呢、针织、珊瑚绒、摇粒绒、羽绒或太空棉填充服装、裘皮、皮革大衣、加厚棉布和牛仔布、聚酯纤维面料等，其中羊绒保暖性最好，但价格较高，适合做高质量的大衣和毛衣。

学习竞技台

● 知识冲浪（30分）

将正确的选项填在括号中，每题 **5** 分，共计 **30** 分。

1. 服装材料选择 4W+1H 原则是指（　　　　）。

A. Who、When、Why、Where、How

B. Who、Why、When、Where、How much

C. What、When、Why、Where、How

D. What、When、Why、Where、How much

2. 同质面料组合的特点包括（　　　　）。

A. 能够营造出和谐统一的视觉效果

B. 可以更好地控制面料的性能和质量

C. 提高加工效率和产品质量

D. 实现了多种功能性的提升

3. 里料是服装夹里的材料，它选配的要求是（　　　　）。

A. 其性能应与面料相匹配

B. 里料的颜色要深于面料

C. 价格要高于面料

D. 要能够增加服装的挺括性

4. 下列适合田园民族风格的服装材料是（　　　　）。

A. 带有闪亮铆钉的皮革   B. 手工织造的棉布、麻布

C. 高档的丝绸   D. 精纺毛织物

5. 在服装面料中，以采用欧洲的榉木为原料，通过专门的纺丝工艺加工而成的纤维是

（   ）。

A. 竹炭   B. 天丝   C. 莫代尔   D. 有机棉

6. 下列织物中适用于"S"廓形服装造型，凸显人体曲线的服装面料是（   ）。

A. 杭纺   B. 软缎   C. 派力司   D. 针织丝绒

● 技能演练（70分）

分析下列服装的款式与风格，从材料的类别、材料的组合特点等方面对每款服装进行面料与辅料的选配并阐述选择的原因。

款式一

款式二

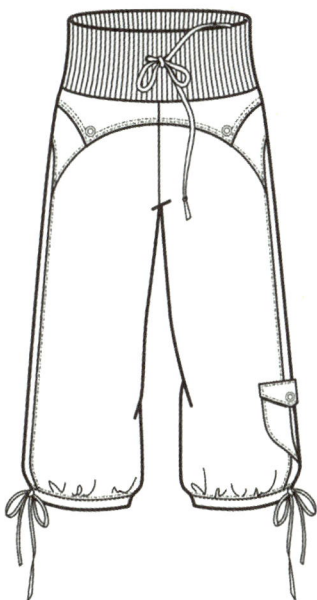

款式三

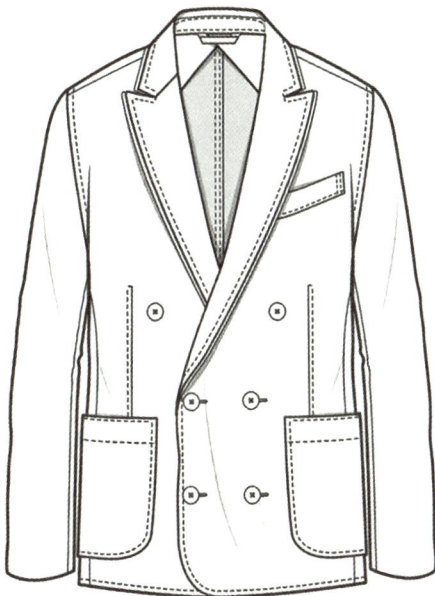

款式四

服装面料、辅料选配设计方案工作单

班级：　　　　　　　　姓名：　　　　　　　　　学号：

款式 （一） （二） （三） （四）	服装品类及 款式特点 （15分）		
	面料选配 （20分）	面料名称	面料小样　　　　面料小样
		面料成分	
		面料风格	
		面料组合方式	
	辅料选配 （20分）	辅料一（名称、规格、数量）	
		辅料二（名称、规格、数量）	
		辅料三（名称、规格、数量）	
	面料、辅料组合 特点 （15分）		

● 任务评价

在项目实施过程中，设计者应充分考虑服装的款式风格、穿着场景和功能需求，进行面料与辅料的合理选配。教师可根据学生在每个阶段的任务完成情况进行打分评价。

● 得分总评

知识冲浪分值：＿＿＿＿＿＿　　　技能演练分值：＿＿＿＿＿＿　　　评价人：＿＿＿＿＿＿

项目五
服装设计的原理——形式美法则

任务描述

通过运用形式美法则提升校企合作服装企业新一季服装款式的美感与品质感，强化风格统一与辨识度，体现品质细节，增强视觉吸引力。

学习目标

知识目标
1. 明晰四大形式美法则的概念及特点。
2. 掌握四大形式美法则在服装设计中的应用方法。

技能目标
1. 能够根据服装设计要求应用形式美法则完成服装整体与局部的设计。
2. 能够运用形式美法则进行不同风格服装产品的设计与开发。

素质目标
1. 通过对服装形式美法则的认识与学习，提升审美素养，树立积极、健康、自信的服饰审美观。
2. 树立服装设计以人为本的质量意识，增强实践创新能力。

课前思考

1. 你认为如何衡量服装美？
2. 形式美法则在服装设计中如何体现？

重点难点

1. 重点："对称与均衡"形式美法则的应用。
2. 难点："比例与尺度"形式美法则的应用。

形式美法则是人类在创造美的过程中经过分析、整理、组织与提炼所形成的经验总结，它是美的评价标准，是一切视觉艺术都应遵循的法则。在服装设计艺术中常用的形式美法则有：比例与尺度、对称与均衡、节奏与韵律、变化与统一。

任务一 掌握"比例与尺度"形式美法则的应用

一、比例与尺度的定义

（一）比例

是指不同事物间的对应比值关系。在服装设计中，"比例"体现在服装整体与局部、局部与局部间的面积、大小、位置、数量、长短等方面的特定联系。从形式美的意义上讲，"黄金分割比例"，即 0.618 : 1，被认为是最好的比例而被广泛应用。

（二）尺度

是指产品的形态形体与人使用要求之间的空间关系。在服装设计中，"尺度"体现在人体与服装之间长短、大小、松紧、多少等尺寸的设计与把握，涉及服装形态及人体的舒适度。

二、比例与尺度的特点

① 服装设计中完美的比例及恰当的尺度不仅决定了服装的造型美，而且保障了服装的舒适性。因此在服装设计中，应对比例和尺度进行综合分析和研究。

② 比例与尺度相辅相成，良好的比例以尺度为基础，而正确的尺度感也是通过各部分的比例关系显示出来。

③ 单纯考虑造型比例而忽视造型尺度，就会造成尺度失真；如果只重视尺度而不去推敲比例关系，同样不能形成美感。

艺海拾贝：数理中的艺术美——黄金分割构成

黄金分割是一种数学上的比例关系，具有严格的比例性、艺术性、和谐性，蕴藏着丰富的美学价值，被认为是建筑和艺术中最理想的比例，在绘画、雕塑、音乐、建筑、服装等艺术领域中，成为作品设计的比例标准。

黄金分割比例

1. 黄金分割比例

黄金分割是一种古老的数学方法，它是将一条线段分成两段（如图5-1），较大部分a与较小部分b之比，等于整体（a+b）与较大部分a之比，即长段为全段的0.618。这个分割比 0.618 : 1 被公认为最具审美意义的黄金比例。标准的人体构成中也蕴含着黄金比例，比如一个人从脚到膝盖的长度等于腿长的一半，腿的长度是整个身体高度的一半。肚脐是头顶到足底之分割点，肘关节是肩关节到中指尖之分割点。

2. 黄金矩形

黄金矩形也称根号矩形（如图5-2），可以是$\sqrt{2}$、$\sqrt{3}$、$\sqrt{4}$、$\sqrt{5}$，这些矩形的短边与长边之比非常接近黄金分割比例0.618：1，它们可以无限分割下去，形成更多更小的具有优美的比例矩形。标准人体中也有黄金矩形，比如躯体轮廓是由肩宽与臀宽的平均数为宽，肩峰至臀底的高度为长形成的矩形，手部轮廓是由手的横径为宽，五指并拢时取平均数为长形成的矩形。

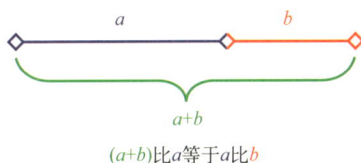

(a+b)比a等于a比b

图 5-1　黄金分割比例

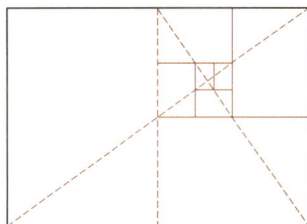

图 5-2　黄金矩形

三、"比例与尺度"形式美法则的运用

（一）利用服装分割打造比例关系

1. 横向分割

以黄金分割比例为参照，服装横向分割线中的胸围线、腰围线（腰线）和下摆线引导视线水平移动，强调宽度，呈现安静稳定、柔和稳重的视觉印象。如腰线位置适当提高，有突出女性身形曲线美，视觉上拉长下半身比例的效果（如图5-3）。

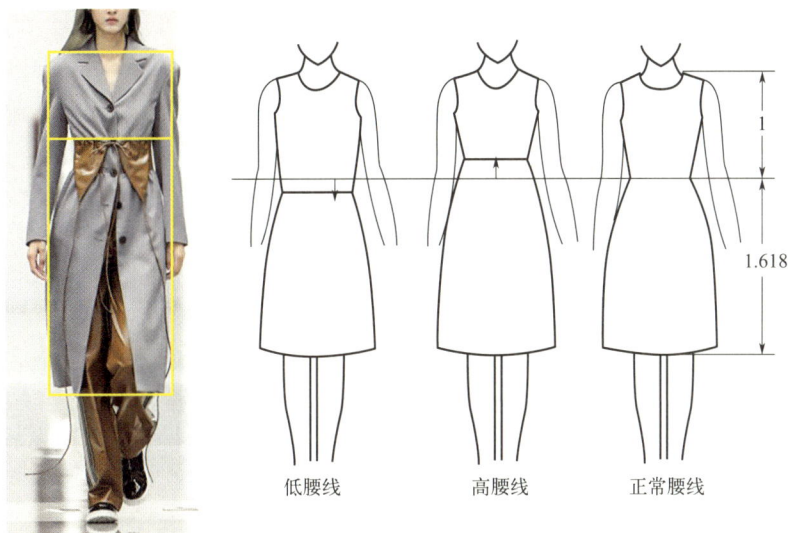

低腰线　　　　高腰线　　　　正常腰线

图 5-3　不同位置腰线分割

2. 纵向分割

纵向分割线中公主线、刀背线和侧缝线引导视线上下移动，强调视觉上的高度，给人修长、挺拔、苗条之感，起到修饰人体胸部和臀部的作用。衣身中使用公主线可以贴合各种

大小的胸部和背部形态。当公主线接近胸高点，且相交于肩线中点时，在视觉上看起来较显瘦。与领围线相交时，相交的位置靠近前颈点，分割线间距离越近，胸部看起来越小；分割线的距离变大，胸部看起来越大（如图5-4）。

| 相交于肩部 | 相交于领口中 | 相交于领口外 |

图 5-4　纵向分割效果

（二）利用服装零部件构建比例关系

1. 服装零部件的位置

按照人体特征与服装功能，确定服装造型中领子、袖子、口袋、纽扣、拉链等零部件的位置，以达到最科学、最美观的设计效果与比例关系。

2. 服装零部件的大小

过大或过小的服装零部件都会影响整体美观和舒适度，可以依据黄金分割比例设定零部件在服装中所占的面积大小（如图5-5），以此形成局部与整体的和谐比例关系。

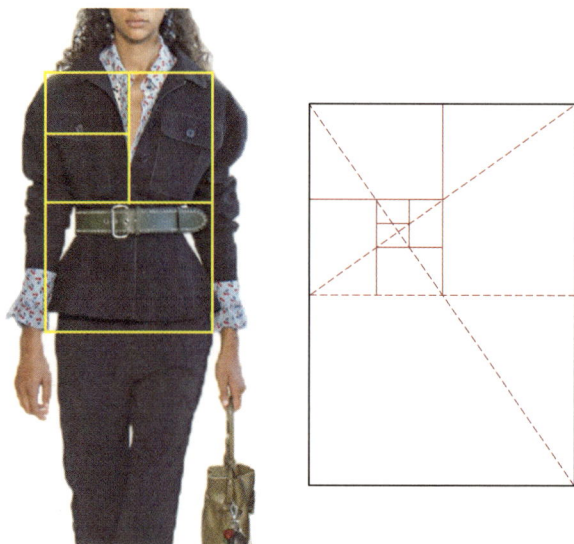

图 5-5　口袋位置与大小的设定

（三）通过服装尺度塑造比例关系

1. 人体与服装的长度关系

在确定服装尺度时，借助人体各部位的比例关系确定服装的长短、宽窄以及各部位裁片尺度大小，取得人体与服装的和谐比例。如一般人的上半身长度与下半身长度比例为 0.618∶1，以此为依据进行连衣裙的尺度设计，如果设定背长为 37cm，则裙长比较匹配的长度就是 37cm÷0.618 ≈ 60cm。套用人体黄金分割比例设计出来的上衣与裙长长度呈现出恰到好处的美感。

2. 人体与服装的空间关系

不同的服装有不同的功能和用途，因此需要根据服装的穿着对象和场合以及人体的舒适性需求来设计恰当的尺度。例如，企业生产工作服的袖子和裤腿要足够宽松，便于肢体活动，但也不能过于肥大，以免影响工作安全。一般袖窿处周长比手臂最粗处大 5～10cm，裤腿围度比腿部最粗处大 8～12cm。但是对于时尚秀场服装或者高级定制服装，尺度可以更加夸张。比如具有舞台效果的表演服装，裙摆直径可以达到数米，通过夸张的尺度来营造视觉冲击力，展现品牌的创意和风格。

学习竞技台

● 知识冲浪（30 分）

将正确的选项填在括号中，每题 6 分，共计 30 分。

1. 比例与尺度的内在关系表现在（　　　）。
A. 服装设计中完美的比例及恰当的尺度决定了服装的造型美
B. 比例与尺度相辅相成，良好的比例以尺度为基础
C. 服装造型中的比例关系只有通过尺度的设定才能把握
D. 复杂与统一的形式组合

2. 黄金分割比例是（　　　）。
A. 1∶1　　　　　B. 1∶2　　　　　C. 0.618∶1　　　　　D. 0.618∶1.618

3. 强调视觉上的高度，给人修长、挺拔、苗条之感，起到修饰人体胸部和臀部的作用的分割线是（　　　）。
A. 横向分割　　　　B. 纵向分割　　　　C. 斜线分割　　　　D. 弧线分割

4. 以黄金分割比例为依据进行连衣裙的尺度设计，如果背长为 37cm，则匹配的裙长应是（　　　）。
A. 50cm　　　　　B. 60cm　　　　　C. 70cm　　　　　D. 80cm

5. 利用服装的局部实现服装比例的构建体现在（　　　）。
A. 通过调整服装零部件的位置　　　　B. 通过调整服装零部件的数量
C. 通过调整服装零部件的大小　　　　D. 通过调整服装零部件的形态

● 技能演练（70 分）

以 3 人组建项目团队，收集 10 款流行女装，分析比例与尺度原理在款式设计中的作用，以 PPT 的形式进行汇报。完成要求如下。

1. 团队组建与任务分工

3 人一组并确定团队名称。明确成员分工，分别负责收集流行女装资料、深入分析比例与尺度原理在款式设计中的应用以及制作精美的 PPT，确保每个环节都有专人负责且协作良好。

2. 流行女装收集

① 来源广泛：从时尚杂志、知名时尚电商平台、时尚品牌官网以及社交媒体等多渠道收集 10 款具有代表性的流行女装。

② 款式多样：涵盖不同风格类型，如职业装、礼服、运动休闲等，包括上衣（衬衫、T恤、外套等）、下装（裙子、裤子）以及连衣裙等不同品类，以全面分析比例与尺度原理在各类女装款式中的体现。

3. 比例与尺度原理分析

① 整体比例：研究服装整体的长宽比，如长款外套与短款内搭的搭配比例，分析这种比例如何塑造不同的身材视觉效果，例如拉长身形或强调层次感。探讨上下装比例分割线（如高腰、中腰、低腰）对腿部与身体比例的影响，以及不同比例所传达的时尚感与风格倾向。

② 局部比例：剖析服装领口、袖口、口袋等局部元素与衣身的大小比例关系，研究其如何影响服装的精致感与整体协调性。分析裙子的裙摆大小与裙长的比例、裤子的裤腿肥瘦与裤长的比例等对穿着效果和时尚感的塑造作用。

③ 尺度考量：考虑服装各部分的尺寸大小是否符合人体工程学与美学标准，如肩部宽度是否合适、衣身的宽松度对活动便利性与造型美观性的平衡等，以及这些尺度设计如何适应不同的穿着场合与目标受众。

4. PPT 制作要求

封面包含团队名称、课程名称、作业主题以及收集的流行女装展示图片。内容清晰呈现10 款女装图片，并针对每款详细分析比例与尺度原理的应用，用文字、箭头、标注等方式直观说明。文字表述简洁准确，可适当运用图表对比不同款式间的比例与尺度差异。整体页面布局合理，色彩搭配协调，风格时尚专业。

5. 汇报发言要求

发言代表表达清晰流畅，语速适中，能准确运用专业术语讲解分析内容。熟悉 PPT 内容，可脱稿或少量参考进行讲解，时间控制在 10 分钟之内，与观众保持良好眼神交流并适时互动。

6. 作业提交要求

团队需在规定的截止日期前同时提交 PPT 文件电子版和打印版，文件命名格式为 "团队名称 _ 比例与尺度形式美原理应用分析 .pptx"。

● 任务评价

《比例与尺度形式美原理应用分析》技能演练项目评分表

团队成员：　　　　　　　　项目名称：　　　　　　　　最终得分：

一级评价指标	二级评价指标	评价观测点	得分
流行女装收集（15分）	款式多样性（8分）	1. 收集的 10 款流行女装涵盖多种风格、类型（如连衣裙、上衣、裤装等），且在设计上具有明显差异，能充分体现流行趋势的多样性，得 6 ～ 8 分。 2. 款式有一定多样性，但风格或类型较为单一，部分款式相似性较高，得 3 ～ 5 分。 3. 收集的款式大多相似，缺乏多样性，不能很好地反映流行女装的多元性，得 0 ～ 2 分	
	流行元素代表性（7分）	1. 所选女装中的流行元素（如色彩、图案、面料、细节设计等）具有较强的代表性，能准确反映当前流行趋势，且和比例与尺度原理有潜在关联，得 5 ～ 7 分。 2. 流行元素有一定代表性，但不够突出或部分元素与流行趋势有偏差，和比例与尺度原理的关联不够紧密，得 2 ～ 4 分。 3. 流行元素不明确或所选服装已过时，与当前流行趋势脱节，且无法和比例与尺度原理相结合分析，得 0 ～ 1 分	

续表

一级 评价指标	二级 评价指标	评价观测点	得分
比例与尺度 原理分析 （20分）	分析准确性 （10分）	1. 对 10 款女装中比例与尺度原理在款式设计中的作用分析准确、深入，能详细阐述服装各部分之间（如衣长与裙长比例、领口与肩部比例、服装与人体比例等）以及服装整体尺度（如宽松度、长短大小等）的设计意图及其对服装美感、穿着效果的影响，且分析与所选服装实际情况紧密结合，得8～10分。 2. 分析基本正确，但不够深入全面，存在一些分析不准确或遗漏的部分，对比例与尺度原理的理解和应用有一定偏差，得4～7分。 3. 分析错误较多，对比例与尺度原理理解不清晰，不能有效结合服装款式进行分析，得0～3分	
	分析创新性 （10分）	1. 在分析比例与尺度原理时，能提出独特的见解或创新的观点，如发现一些新的比例关系应用、对传统比例的创新解读或从不同角度分析尺度对服装风格塑造的影响等，且分析有深度和说服力，得8～10分。 2. 分析有一定新意，但创新性不足，主要是常规的分析方法和观点，得4～7分。 3. 分析缺乏创新，只是简单重复常见的比例与尺度分析内容，无独特思考，得0～3分	
PPT 制作 （10分）	内容呈现 （6分）	1. PPT 内容完整，逻辑清晰，能有条理地展示流行女装收集情况、比例与尺度原理分析内容以及相关结论，文字简洁明了，图片清晰且与内容紧密配合，得5～6分。 2. PPT 内容较完整，但逻辑结构稍显混乱，部分内容表述不够清晰，图片质量一般或与文字匹配度欠佳，得3～4分。 3. PPT 内容缺失较多，逻辑不连贯，文字冗长或难以理解，图片无法有效辅助说明内容，得0～2分	
	视觉效果 （4分）	1. PPT 页面设计美观，色彩搭配协调，字体选择合适，排版整齐，有适当的动画效果或转场效果且不影响内容展示，整体视觉效果良好，得3～4分。 2. PPT 视觉效果一般，色彩、字体、排版等方面存在一些小问题，但不影响主要内容的呈现，无明显视觉瑕疵，得1～2分。 3. PPT 页面设计粗糙，色彩刺眼或不协调，字体难以辨认，排版混乱，动画效果过多或不合理影响观看，得0分	
汇报表现 （10分）	语言表达 （6分）	1. 语速适中，发音标准清晰，语言组织逻辑性强，能够运用专业术语准确且流畅地讲解，无明显停顿、重复或口头禅，得5～6分。 2. 语速、发音、逻辑有少量瑕疵，但不影响整体表达效果，得3～4分。 3. 语速过快或过慢，发音不清晰，逻辑混乱，表达不连贯，频繁卡顿或出现较多语病，得0～2分	
	仪态仪表 （4分）	1. 站立或坐姿端正优雅，身体姿态稳定，表情自然亲和，眼神自信且与观众有良好的互动交流，手势运用自然得体且能有效辅助讲解内容，得3～4分。 2. 仪态基本符合要求，无明显失态，但不够自信大方，表情、眼神或手势稍显生硬，得2分。 3. 姿态不端正（弯腰驼背、身体摇晃等），表情紧张僵硬或不自然，眼神游离不定，无手势或手势过多且杂乱无章，得0～1分	

续表

一级 评价指标	二级 评价指标	评价观测点	得分
团队协作 （15分）	分工明确 （5分）	1. 制订详细的书面分工计划，任务分配合理均衡，与团队成员的专业技能、兴趣特长高度匹配，各成员职责清晰明确，无任务重叠或遗漏现象，得4～5分。 2. 有分工安排，任务分配基本合理，但存在个别成员职责不够清晰或工作量略有不均的情况，得2～3分。 3. 缺乏明确的分工计划，任务随意分配，成员职责混乱，存在大量任务重叠或无人负责的任务，得0～1分	
	协作效果 （10分）	1. 团队成员在整个实训项目过程中沟通频繁、高效，信息共享及时全面，能够积极主动地配合其他成员完成任务，遇到问题或分歧时能够通过友好协商迅速达成一致解决方案，项目推进顺利，最终成果质量高且充分体现团队协作的优势，得8～10分。 2. 团队成员有一定的沟通协作，能够完成主要任务，但沟通不够及时主动，偶尔出现意见不合导致工作进度稍有延误，项目成果存在少量瑕疵，得5～7分。 3. 团队内部沟通不畅，协作松散，成员之间缺乏配合意识，经常出现矛盾冲突且难以解决，导致项目进度严重滞后，成果质量差，得0～4分	

改进建议：

● 得分总评

知识冲浪分值：_____　　技能演练分值：_____　　评价人：_____

任务二　掌握"对称与均衡"形式美法则的应用

一、对称与均衡的定义

（一）对称

是指图形或物体两边相对的各部分，在大小、形状和排列上具有一一对应、完全相同的关系。通过中心轴重合的称为轴对称，通过旋转重合的，称为点对称。在艺术设计中，对称形式具有平衡、稳定、庄重、大气、规则的视觉效果（如图5-6）。

中式盘扣

（二）均衡

指物体中心轴两侧对应的部分不相同，但通过各部分的大小、位置、形态的组合使整体呈现安定、和谐的美感。均衡是非对称式的平衡，比对称式平衡的效果更多变、更活泼（如图5-7）。

图 5-6　对称式钧瓷瓷瓶

图 5-7　均衡式剪纸纹样

艺海拾贝：紫禁城中的对称美

　　紫禁城又称故宫，其建筑特点综合了空间、比例、均衡、节奏、色彩、装饰等多种因素的协调应用，形成了庄严肃穆、布局严谨的整体风貌，成为中国古典建筑中的一大瑰宝。在故宫的建筑设计中，对称美被运用得淋漓尽致，体现了中国古典建筑艺术的特色与成就。

　　首先，从故宫的整体布局来看，它采用了中轴线对称的布局方式（如图 5-8）。中轴线从南至北贯穿整个故宫，将故宫分为东西两侧。这种布局方式使得故宫在视觉上呈现出一种庄重、肃穆的氛围，同时也强调了皇权的至高无上。

　　其次，在故宫的各个单体建筑中，对称美也得到了充分的体现。以太和殿为例（图 5-9），它是故宫中最重要的建筑之一，也是皇帝举行大典的地方。太和殿的屋顶采用了重檐庑殿顶的形式，檐角高高翘起，显得气势磅礴。而太和殿的立面则呈现出一种左右对称的形态，无论是门窗的排列，还是雕梁画栋的装饰，都显得井然有序、和谐统一。

图 5-8　故宫建筑群

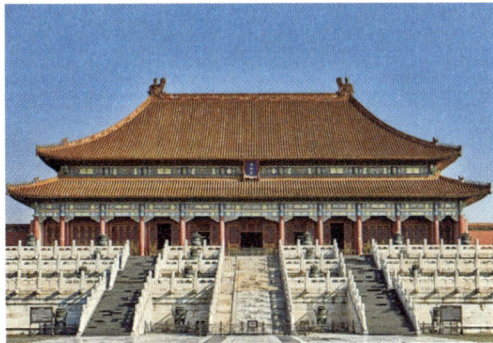

图 5-9　太和殿

　　最后，在故宫的装饰艺术中，对称美也得到了广泛的应用。故宫的装饰图案多以龙凤、花卉、云纹等为主题，这些图案在构图上多采用对称的形式，使得整个装饰画面显得平衡、和谐。同时，这些图案还具有吉祥、富贵、长寿等美好寓意，为故宫增添了浓厚的文化内涵。

总之，故宫建筑中的对称美是中国古代建筑艺术的重要体现之一。它不仅使得故宫在视觉上呈现出一种庄重、肃穆的氛围，还体现了中国传统文化中的平衡之道，展现出独特的文化魅力。

二、对称与均衡的特点

① 对称与均衡都能形成平衡的设计效果，对称是通过各设计要素等量等形形成视觉上的显性平衡，均衡则以设计要素等量不等形的设计组合达到视觉和心理上的平衡状态。

② 对称设计受到对称轴、中心点的限制，容易显得呆板；均衡设计打破对称轴、中心点的限制，具有生动、灵巧的特点。

③ 对称设计简单，应用广泛；均衡设计富于变化，但运用不当，容易失衡。

三、"对称与均衡"形式美法则的运用

（一）对称的运用

1.轴对称

（1）定义　假定在人体的中央设定一根中心轴线，左右两边的服装构成要素完全相同，就形成了轴对称设计。

（2）特点　由于人体自身就是左右对称，所以轴对称形式在服装设计中被广泛应用，如服装局部造型袖、领、口袋等部位的左右对称、服饰图案的左右对称、服装色彩的左右对称、工艺结构装饰细节的左右对称等（如图 5-10），具有安定、整齐、庄重之感。

图 5-10　服装设计轴对称形式

2.点对称

（1）定义　也称回旋对称，服装设计要素围绕虚拟的中心点，经过一定角度的旋转后形成对应关系，构图呈"S"形。

（2）特点　点对称设计具有运动感和趣味性，常用于服饰图案的布局变化（如图5-11）、服装局部造型的设计变化。

图 5-11　服饰图案的点对称设计

（二）均衡的运用

1.形态的均衡

当服装的局部未形成等量等形关系时，可以通过调整形态线条、形态面积、位置高低等手法实现视觉上、心理上的和谐、平衡状态。如左领片与右领片的形态不同，但占比的面积大小可以相同，以此达到左右均衡的效果（如图5-12）。

2.材质的均衡

可以通过材质对比、材质互补、材质呼应三种方式实现材质的均衡。

（1）材质对比　通过将不同特性的材质进行搭配，形成强烈的视觉对比，突出服装的层次感。例如，将柔软的丝绸与硬朗的皮革相结合，既展现了优雅的气质，又增添了几分个性。

（2）材质互补　通过选用具有互补特性的材质，实现服装在功能性和美观性上的双重提升。如棉涤混纺的材质，既保留了棉质的透气性，又增加了涤纶的耐磨性和保型性。

（3）材质呼应　在服装的不同部位采用相同或相近的材质，以营造整体协调的视觉效果。例如，在礼服的胸部和裙身采用绸缎材质，形成上下呼应效果（如图5-13）。

3.色彩的均衡

色彩均衡，即在服装搭配中保持色彩的和谐统一。实现色彩均衡可以采用以下方式。

（1）协调统一　在服装搭配中，既要注重色彩的对比，又要保持整体的协调。通过对比色或相近色的搭配，可以营造出丰富的视觉效果，同时避免过于突兀或单调。

（2）主次分明　在色彩搭配中，应明确主色调和辅助色。主色调通常占据搭配中的大部分面积，而辅助色则起到点缀和衬托的作用。通过合理搭配主辅色，可以突出整体造型的重点。

（3）色彩比例　在服装搭配中，不同色彩的比例也是影响色彩均衡的关键因素。比如暗色调具有收缩效果，可以占据较大的比例，而明亮色调具有膨胀扩张感，可适当减少使用面积，以保持整体的平衡感（如图5-14）。

图 5-12　形态的均衡

图 5-13　材质的均衡

图 5-14　色彩的均衡

师生互动

　　同学们，请认真观察下列设计作品（图 5-15 ～图 5-17），分析每一款服装中"对称与均衡"形式美法则的运用形式及效果。

图 5-15　款式一

图 5-16　款式二

图 5-17　款式三

学习竞技台

● 知识冲浪（30分）

将正确的选项填在括号中，每题 6 分，共计 30 分。

1. 在服装款式设计及人体造型方面，对称的美学特征表现在（　　　　）。

A. 稳定　　　　　　B. 大方　　　　　　C. 传统　　　　　　D. 感性

2. 服装造型设计中对称的形式有（　　　）。

A. 轴对称　　　　　　　　　　　　B. 点对称

C. 左右对称　　　　　　　　　　　D. 回转对称

3. 均衡的特点有（　　　）。

A. 中心点两侧的造型要素必须相等或相同

B. 富有变化，形式自由

C. 具有活泼、跳跃、运动、丰富的特点

D. 严肃、稳定、大方

4. 下列对"对称与均衡"描述正确的是（　　　）。

A. 均衡和对称都属于平衡的概念

B. 都属于形式美法则

C. 参考支点或轴线两侧的造型要素必须相同

D. 对称设计简单，应用广泛；均衡设计富于变化，但运用不当，容易失衡

5. 在服装造型设计中，材质的均衡的形式包括（　　　）。

A. 材质统一　　　　　　　　　　　B. 材质对比

C. 材质互补　　　　　　　　　　　D. 材质呼应

● 技能演练（70分）

运用"对称与均衡"形式美法则完成 **6** 款上装和 **6** 款下装的款式设计，表现形式为平面款式图，手绘或电脑绘制均可，阐述设计构思。完成要求如下。

1. 款式设计要求

完成 6 款上装和 6 款下装设计。上装包括衬衫、T 恤、外套等不同类型；下装涵盖裙子、裤子等多种款式，确保设计的多样性。其中至少 3 款设计中有效运用对称元素，在服装轮廓、图案、装饰等方面体现对称美，至少 3 款设计通过色彩、材质、造型元素分布等展现出均衡感，非对称但视觉平衡和谐。

2. 平面款式图绘制要求

① 表现形式：可选择手绘或电脑绘制。手绘需线条清晰、流畅、准确，能够清晰表达服装的款式结构、细节特征和装饰元素；电脑绘制要熟练运用绘图软件，图形规范、比例恰当，若有色彩设计，色彩填充准确。

② 标注说明：在款式图上标注服装的尺寸规格（如衣长、袖长、腰围、臀围等大致数据）、面料材质建议、特殊工艺说明（如褶皱处理、拼接方式等），使设计图完整且具有可操作性。

3. 设计构思阐述要求

① 设计灵感：说明每个款式设计的灵感来源，可源于自然景观、建筑艺术、文化传统、时尚潮流等，解释灵感如何转化为具体的服装款式设计。

② 对称与均衡运用：详细描述在每个款式中如何运用"对称与均衡"形式美法则，包括选择对称或均衡的原因、具体元素的布局与搭配方式，以及期望达到的视觉效果和风格表达，使读者能深入理解设计意图。

4. 作业提交要求

在规定时间内提交 8 开款式设计稿或 A3 打印稿。

● 任务评价

《"对称与均衡"形式美法则设计应用》技能演练项目评分表

设计者：　　　　　　　　班级学号：　　　　　　　　最终得分：

一级评价指标	二级评价指标	评价观测点	得分
作业完成度（20分）	数量达标（10分）	1. 完整设计并呈现6款上装和6款下装款式图，得10分。 2. 每缺少一款扣2分	
	形式规范（10分）	1. 款式图尺寸、比例符合常规要求，纸张使用得当，得3分。 2. 设计稿标注清晰，包括款式名称、比例尺寸等信息完整，得4分。 3. 整体排版合理，画面整洁干净，得3分	
形式美法则应用（20分）	对称手法（8分）	1. 至少3款设计中有效运用对称元素，在服装轮廓、图案、装饰等方面体现对称美，且运用自然巧妙，得8分。 2. 有1~2款较好运用对称，得4~7分。 3. 对称元素运用较少或生硬，得1~3分	
	均衡表现（8分）	1. 至少3款设计通过色彩、材质、造型元素分布等展现出均衡感，非对称但视觉平衡和谐，得8分。 2. 1~2款有较好均衡效果，得4~7分。 3. 均衡效果不明显或处理不当，得1~3分	
	法则融合创新（4分）	1. 在多款式中能将对称与均衡有机融合，并产生新颖独特的设计创意，得4分。 2. 有一定融合但创新不足，得2~3分。 3. 融合生硬或无创新，得1分	
效果图绘制（15分）	美观性（5分）	1. 款式图线条流畅、造型优美、整体视觉舒适，有一定艺术美感，得5分。 2. 线条较流畅，有轻微瑕疵，得3~4分。 3. 线条粗糙，美感不足，得1~2分	
	准确性（5分）	1. 能精准呈现设计的服装款式，各元素表达清晰无歧义，得5分。 2. 基本能表达清楚款式，但有个别模糊处，得3~4分。 3. 款式表达不够准确，存在误解可能，得1~2分。 4. 无法准确传达款式内容，得0分	
	规范性（5分）	1. 绘制符合服装款式图绘制标准，人体比例恰当，服装结构准确，细节表现细致（如领口、袖口、口袋等），得5分。 2. 有少量规范偏差但不影响款式理解，得3~4分。 3. 规范偏差较多，细节表现模糊，得1~2分。 4. 严重不符合规范，无法辨认款式，得0分	
设计构思阐述（15分）	完整性（7分）	1. 对12款服装设计构思均有阐述，包含灵感来源、对称与均衡运用思路、目标客户与穿着场合设想等关键内容，得7分。 2. 有1~3款构思阐述缺失部分内容，得4~6分。 3. 多款式构思阐述简略或大量缺失，得1~3分。 4. 几乎无构思阐述，得0分	
	与设计匹配度（8分）	1. 阐述内容与款式设计高度契合，能充分体现设计意图，得8分。 2. 有少量不匹配但不影响整体理解，得4~7分。 3. 较多不匹配，设计与阐述矛盾，得1~3分。 4. 完全不匹配，得0分	

改进建议：

● 得分总评

知识冲浪分值：＿＿＿＿＿　　　技能演练分值：＿＿＿＿＿　　　评价人：＿＿＿＿＿

任务三　掌握"节奏与韵律"形式美法则的应用

一、节奏与韵律的定义

（一）节奏

节奏本是音乐术语，是指音乐中音符、拍子的强弱、长短、快慢等组合，以及这种组合在时间上的规律性。在服装设计中，它指的是通过线条、色彩、材质等元素有规律的组合与变化，在服装上呈现出起伏变幻的艺术效果。节奏设计能赋予服装旋律感和动感，展现出时尚的魅力和个性。

（二）韵律

韵律原为音乐和舞蹈中的术语，指的是事物按照一定规律或节奏进行运动或变化。在服装设计中指造型元素经过有规则的组合和排列所营造出来的视觉感官上的流动畅通性。

二、节奏与韵律的特点

① 节奏是韵律的基础。没有节奏，韵律就无从谈起。在服装设计中通过设计要素的数量多少、面积大小、位置高低等富有规律的节奏组合，呈现出不同形式的韵律。

② 韵律是节奏的表现。通过灵活运用各种设计元素的层次表现，创造出具有韵律动感的服装作品，反射出节奏的存在。

③ 节奏与韵律相互作用。节奏和韵律在服装设计中相互作用，共同决定了服装的装饰效果，增强服装的动感和趣味性，使设计作品富于变化、跃动活泼。

三、"节奏与韵律"形式美法则的运用

（一）节奏的运用

1. 节奏设计的分类

（1）重复节奏　通过同一元素在服装上规律重复性出现，创造出一种整齐划一、庄重稳重、严谨有序的感觉。但由于缺乏变化，显得机械和生硬（如图 5-18）。

（2）随机节奏　相同元素或近似元素在服装上无规律随机性出现，表现出较强的运动性和变化性，给服装带来一种活力和自由感（如图 5-19）。

（3）等级节奏　结合了有规律和无规律重复的特点，通过不同大小、不同数量的元素在服装上按等差或等比的层次重复，创造出一种柔软而富有趣味的感觉（如图 5-20）。

（4）渐变节奏　造型元素按渐多渐少或渐大渐小规律出现在服装上，产生柔和流畅的感觉（如图 5-21）。

2. 节奏设计的表现方式

（1）线条　线条的变化和排列可以呈现出不同的节奏感，如水平、垂直、对角线等。直线的重复表现出很强的节奏感，而曲线的重复则更多表现出轻盈、柔和、活泼的效果。

（2）色彩和图案　在服装中不同色彩所占的比例多少以及服装图案的排列与疏密，都可以带给服装不同的节奏感。

（3）材质　不同材质的组合可以增添服装的层次感，赋予服装节奏感。

图 5-18　重复节奏　　图 5-19　随机节奏　　图 5-20　等级节奏　　　　图 5-21　渐变节奏

（二）韵律的运用

1. 单一韵律

造型设计中，同一造型元素通过同一间隔或同一强度重复产生的旋律称为单一韵律（图 5-22）。

2. 流动韵律

造型元素经过连续不断的组合与变化，所产生的具有高低错落、轻快自由的行云流水般的流动感称为流动韵律（图 5-23）。

图 5-22　单一韵律

图 5-23　流动韵律

3. 放射韵律

造型元素由内向外展开的扩散，或由外向内形成的渐聚，产生的具有渐进感和力量感的律动称为放射韵律（图 5-24）。

4.渐变韵律

造型元素按等差或等比的层次渐进，形成层级式的渐大、渐小、渐增、渐减的柔和流畅的旋律称为层次韵律（图5-25）。

图 5-24 放射韵律

图 5-25 渐变韵律

师生互动

同学们，图 5-26～图 5-28 中的服装造型是如何体现节奏与韵律法则的？

图 5-26 款式一

图 5-27 款式二

图 5-28 款式三

学习竞技台

● 知识冲浪（30分）

将正确的选项填在括号里，每题 6 分，共计 30 分。

1. 服装中韵律运用形式包括（ ）。

A. 单一韵律　　　　　　　　　　B. 流行韵律
C. 放射韵律　　　　　　　　　　D. 渐变韵律

2. 造型元素由内向外展开的扩散，或由外向内形成的渐聚，产生的具有渐进感和力量感的律动称为（　　　）。

A. 放射韵律　　　　　　　　　　B. 渐变韵律
C. 过渡韵律　　　　　　　　　　D. 层次韵律

3. 相同元素或近似元素在服装上无规律随机性出现，表现出较强的运动性和变化性，给服装带来一种活力和自由感的节奏设计形式是（　　　）。

A. 重复节奏　　　　　　　　　　B. 随机节奏
C. 等级节奏　　　　　　　　　　D. 渐变节奏

4. 节奏与韵律之间的关系体现在（　　　）。

A. 没有节奏，韵律就无从谈起
B. 节奏和韵律在服装设计中相互作用
C. 韵律是节奏的表现
D. 必须先有韵律，才能产生节奏感

5. 在服装设计中，节奏指的是通过（　　　）等元素有规律地组合与变化，在服装上呈现出起伏变幻的艺术效果。

A. 线条　　　　B. 色彩　　　　C. 材质　　　　D. 形状

● 技能演练（70分）

设计3套适合参加时尚晚宴的系列礼服，要求在服装的色彩搭配和款式设计上运用"节奏与韵律"形式美法则。以手绘彩色效果图的形式进行作品展现。完成要求如下。

1. 系列礼服设计要求

① 主题与风格：每套礼服系列应具有明确主题，风格需契合时尚晚宴场合，展现优雅、华丽、独特魅力，使整体设计有连贯性与故事性。

② 色彩搭配：运用色彩的深浅、明暗、面积大小的有规律变化营造节奏，形成色彩节奏变化。

③ 韵律营造：通过色彩组合的重复或交替产生韵律感。像以金色、香槟色、米色为一组色彩，在领口、袖口、裙摆边缘按一定顺序重复出现，形成色彩韵律。

④ 款式设计：利用线条的长短、曲直、疏密变化构建节奏韵律。如礼服上身运用紧密排列的曲线褶皱，裙摆则是稀疏流畅的长线条拖尾，产生线条节奏；或在裙身以等距直线装饰，形成韵律。

⑤ 褶裥设计：褶裥的大小、方向、疏密有规律变化。比如上身小而密的百褶，过渡到裙摆大而疏的风琴褶，体现节奏；或裙身褶裥方向交替变化营造韵律。

⑥ 渐变效果：实现款式造型的渐变，如从修身的上半身逐渐向下展开成宽大裙摆，或袖型从窄到宽渐变，展现节奏与韵律。

2. 手绘彩色效果图要求

① 绘画技巧：手绘效果图需线条流畅、比例准确、色彩鲜艳且过渡自然。清晰展示礼服的款式细节、色彩搭配、面料质感。

② 标注说明：在效果图上标注礼服的尺寸比例参考、面料材质建议、特殊设计元素说明，以便清晰传达设计意图。

3. 作业提交要求

在规定时间内提交8开款式设计稿，并附加不少于300字的设计说明。

● 任务评价

《时尚晚宴系列礼服设计》技能演练项目评分表

设计者：　　　　　　　　班级学号：　　　　　　　　最终得分：

一级 评价指标	二级 评价指标	评价观测点	得分
色彩搭配 （20分）	节奏与韵律体现 （12分）	1. 能巧妙运用色彩的深浅、明暗、面积大小的有规律变化营造出明显的节奏与韵律感，如巧妙的色彩渐变过渡、主次色彩面积的和谐韵律布局等，得10～12分。 2. 有一定的色彩节奏变化，但规律不够突出或稍显生硬，得6～9分。 3. 色彩搭配较普通，节奏韵律感微弱，得3～5分。 4. 色彩无明显节奏韵律感，得0～2分	
	色彩协调性 （8分）	1. 色彩搭配协调美观，符合时尚晚宴的高雅、华丽氛围，能凸显服装的独特风格，得6～8分。 2. 色彩搭配基本协调，与晚宴场景有一定契合度，但风格不够鲜明，得3～5分。 3. 色彩存在冲突或与晚宴主题严重不符，得0～2分	
款式设计 （20分）	节奏与韵律呈现 （12分）	1. 款式造型上通过线条、褶裥、渐变等形式成功营造出节奏与韵律，如线条的长短疏密变化、褶裥的规律分布、造型的流畅渐变等，且与色彩搭配相得益彰，得10～12分。 2. 款式有节奏韵律元素，但表现不够充分或部分元素运用不够巧妙，得6～9分。 3. 款式节奏韵律感不明显，设计较为常规，得3～5分。 4. 款式缺乏节奏与韵律的设计考量，得0～2分	
	创新性与工艺可行性 （8分）	1. 款式设计新颖独特，有创意亮点，且在实际制作工艺上具有较高可行性，得6～8分。 2. 有一定创新，但工艺难度过高或可行性存疑，得3～5分。 3. 款式缺乏创新，模仿痕迹较重，或工艺设计不合理，得0～2分	
效果图绘制 （20分）	绘图技巧 （10分）	1. 手绘线条流畅、精准，色彩运用熟练，能细腻表现服装材质感、光影效果等，整体画面精美，得8～10分。 2. 线条较流畅，色彩表现尚可，材质质感有一定体现，画面较整洁，得5～7分。 3. 线条粗糙，色彩搭配不协调，材质表现不佳，画面有明显瑕疵，得2～4分。 4. 绘图基础差，无法清晰准确呈现服装设计，得0～1分	
	设计表达清晰度 （10分）	1. 效果图能清晰准确地展示服装的款式细节、色彩搭配以及节奏与韵律设计，让人一目了然，得8～10分。 2. 基本能表达设计意图，但部分细节不够清晰或节奏韵律展示不够直观，得5～7分。 3. 设计表达模糊，需要较多解释才能理解，或节奏韵律未在效果图中有效体现，得2～4分。 4. 无法通过效果图传达设计核心内容，得0～1分	

续表

一级 评价指标	二级 评价指标	评价观测点	得分
整体效果 与系列感 （10分）	单套礼服整 体美感 （6分）	1. 每套礼服从色彩、款式到效果图呈现都具有较高的整体美感，能给人留下深刻印象，得5～6分。 2. 单套礼服整体效果较好，但存在一些小瑕疵，得3～4分。 3. 单套礼服整体美感不足，缺乏吸引力，得0～2分	
	系列感 营造 （4分）	1.3套礼服之间在色彩搭配、款式设计的节奏与韵律运用上有明显的系列关联与呼应，形成统一而又有变化的系列风格，得3～4分。 2. 系列感较弱，仅有部分元素关联，得1～2分。 3. 缺乏系列感，3套礼服各自为政，得0分	

改进建议：

● 得分总评

知识冲浪分值： _____   技能演练分值： _____   评价人： _____

任务四 ▶▶ 掌握"变化与统一"形式美法则的应用

一、变化与统一的定义

（一）变化

是指将具有明显差异性的要素组合在一起，形成相互比较、相互衬托的关系，创造出活泼生动、形式丰富的设计效果。

（二）统一

是指将原本具有差异性的要素，通过相互协调、相互融合，使其从属于有秩序的关系之中，形成和谐、一致的整体感。

二、变化与统一的特点

① 变化设计通过设计元素间的对比与差异，使设计具有丰富的视觉效果，但是过度的变化将导致造型的凌乱琐碎，使设计显得杂乱无章，缺乏整体感。

② 统一体现出有秩序、和谐、整体的美感，有利于服装产品的标准化、通用化和系列化，但过分的统一使造型显得刻板单调，缺乏视觉张力。

③ 在服装设计中，变化与统一是相辅相成的。变化可以使设计更具吸引力和趣味性，而统一则能确保设计的整体性和协调性。只有在变化与统一之间找到恰当的平衡点，才能创造出既富有变化又和谐统一的美感。

三、"变化与统一"形式美法则的运用

（一）变化的运用

1.利用服装材料变化

不同的材质会带来不同的触感和视觉效果。例如，丝绸的柔软光泽、棉布的舒适透气、皮革的坚韧挺括等，都能为服装增添独特的魅力。将丝绸面料和皮革面料，或者是雪纺面料和丝绒面料进行拼接（如图5-29），产生柔软与硬挺、轻柔与厚重间的变化对比。

2.利用款式造型变化

运用服装外部廓形、局部款式、装饰细节、工艺处理之间的变化对比，比如服装单品设计可以采用上装长下装短、上装紧身下装宽松的设计。在服装系列设计中，款式造型的变化要在每一款之间都有所体现，打破系列过于雷同化的设计。

3.利用色彩搭配变化

通过运用不同的色彩搭配组合，形成对比效果，比如色彩明暗对比（如图5-30）、冷暖对比、色相纯度对比等多种内容。

图5-29　雪纺与丝绒材质对比

图5-30　色彩明暗对比

4.利用装饰元素的变化

利用服装设计中不可或缺的装饰元素，如纽扣、拉链、腰带、服饰图案等，根据使用的部位不同、构成的材质不同、采用的工艺不同形成变化效果，提升服装的整体美感和时尚感。

（二）统一的运用

1.服装造型的统一

（1）局部造型间的协调一致　比如职业装中的领型、袖型、袋型等局部款式之间要保持线条、风格、形态的一致，要围绕突出职业装的特点进行设计。

（2）局部与整体造型协调一致　服装局部设计要求与服装整体造型风格、设计主题保持一致。比如新中式礼服裙设计中，可以采用中式立领、中式对襟等服装元素（如图5-31）。

2.服饰配件的统一

利用不同部位服饰配件的搭配形成统一性，如通过首饰、包、鞋、腰带等配件的色彩与服装色彩相协调，风格与服饰风格相一致，材质相近或相同（如图5-32）。

图 5-31　服装造型的统一　　　　　　　　图 5-32　服饰配件的统一

3.服装工艺的统一

采用相同的工艺手法，比如每个分割的部位都缉明线，每个口袋都配袋盖，每个接缝都装拉链，形成工艺上的一致性。

4.服装廓形的统一

在服装系列设计中，采用相同或相近的服装外轮廓，形成统一性，如礼服系列设计中，可以采用 A 廓形或 X 廓形，确保设计的整体性和协调性。

艺海拾贝： 形式美法则交织下的传统服饰华章——云肩

云肩是中国传统服饰中置于领肩部的独特装饰织物，多以彩锦绣制而成，晔如雨后云霞映日，故称之为"云肩"。云肩源自秦之披帛，经唐时初现精巧之态，至宋融入民间的淡雅简约，元朝时赋予多元文化特质，再到明清走向巅峰，其造型日趋精美复杂，图案愈发丰富细腻，色彩更为明艳华丽，绣工愈发精湛绝伦，当之无愧地成为中国传统服饰文化中的瑰宝。探析云肩之美，不难发现其灵秀与典雅的呈现皆与形式美法则的精妙应用紧密相连。

一、对称与均衡法则

云肩整体造型常常呈现出对称的结构，以领口为中心，向两侧展开完全相同或高度相似的图案和形状。这种对称设计给人一种稳定、庄重的视觉感受，符合中国传统文化中追求平衡、和谐的审美观念。例如，四合如意式云肩（如图5-33），由四面"如意形"的条状云头前后对合而成，从造型及位置上达到了完美的对称，象征天下四方祥和如意。但每片云头上绣制的图案则不完全相同，可是通过色彩、大小和疏密的精心安排，实现了视觉上的均衡感。整个云肩看起来协调而稳定，仿佛是一个精心构建的平衡美学体系，体现了对称与均衡法则在云肩艺术中的精妙运用。

二、节奏与韵律法则

鲜明的节奏与韵律感是云肩设计的另一个特点。层层叠叠的云头、图案的大小和疏密、颜色深浅等变化，像灵动的音符，引导着观者的视线在云肩上有序地移动。如柳叶式云肩（如图 5-34），以多层柳叶状的绣片叠加而成，云片的排列从中心向边缘由密到疏，形状由小到大、图案由多到少，这种渐变的效果如同旋律的起伏，赋予了云肩灵动而富有变化的艺术特质，增强了其艺术感染力。

三、比例与尺度法则

云肩在整体设计上对比例与尺度的把握十分精准。其整体形状与人体肩部的比例协调，既不会过大而显得臃肿，也不会过小而失去装饰效果。一般来说，云肩的大小刚好能够覆盖肩部并适度延伸，既能突出肩部的线条美，又能与身体其他部位的服饰形成和谐的比例关系。在图案设计中，各个元素之间的比例也经过精心考量。例如，中心图案与周围辅助图案的大小比例、宽窄比例相互匹配，形成一个有机的整体，呈现出一种恰到好处的美感。

四、变化与统一法则

云肩的艺术特征中还充分彰显了变化统一的法则。如团花式云肩（如图 5-35），从图案内容来看，它融合了丰富多样的题材，包括花卉、动物、人物、几何图形等，虽然每一种图案都具有独特的形态和寓意，但这些多样的图案通过色彩的呼应、工艺的对应和布局的照应等方式实现了统一。在风格上，无论是写实的花卉还是抽象的几何纹，都遵循着云肩整体的传统艺术风格，线条流畅、造型圆润，使整个云肩既丰富多彩又具有整体感，展现出变化与统一法则下的独特艺术魅力。

图 5-33　四合如意式云肩

图 5-34　柳叶式云肩

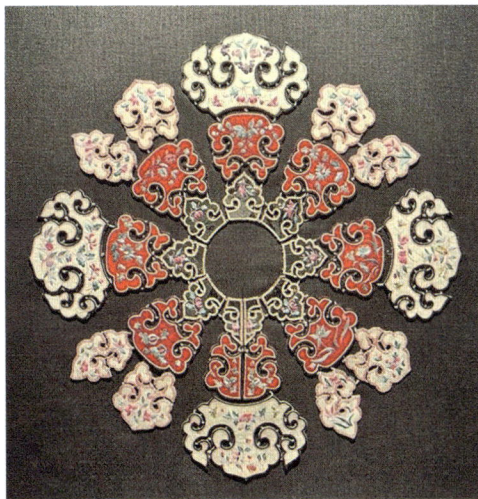
图 5-35　团花式云肩

学习竞技台

● 知识冲浪（20分）

将正确的选项填在括号里，每题 5 分，共计 20 分。

1. 变化与统一的特点是（　　）。

A. 通过设计元素间的对比与差异，使设计具有丰富的视觉效果

B. 变化体现出有秩序、和谐、整体的美

C. 在服装设计中，变化与统一是相辅相成的

D. 变化可以使设计更具吸引力和趣味性，而统一则能确保设计的整体性和协调性

2. 在服装设计中变化的形式美法则包括（　　）。

A. 服装材料的变化 　　　　　　　　B. 款式造型的变化

C. 服装配色的变化 　　　　　　　　D. 装饰元素的变化

3. 服装造型设计的统一性表现在（　　）。

A. 服装的局部造型间的协调一致

B. 上装与下装的协调一致

C. 局部造型与整体造型间的协调一致

D. 内衣与外搭的协调一致

4. 右图中此款设计中统一的形式美体现在（　　）。

A. 服装工艺的统一

B. 局部造型的统一

C. 服饰配件的统一

D. 服装材料的统一

● 技能演练（80分）

1. 请分析下列图片"国风系列礼服设计"中"变化与统一"形式美法则的应用体现。完成要求如下。（40分）

（1）进行图片观察与记录

仔细观察给定的"国风系列礼服设计"图片，对每套礼服的整体轮廓、款式细节（领口、袖口、裙摆、腰带等）、色彩搭配、图案纹样以及材质质感等方面进行详细的文字记录，要求记录准确、客观且全面。

（2）"变化"元素分析

结合图片从款式、色彩、图案、材质等设计要素进行分析。

（3）"统一"元素分析

结合图片从主题、风格、色彩、图案、材质等设计要素进行分析。

（4）作业提交规范

完成对每套礼服"变化"与"统一"元素的详细分析后，填写《国风系列礼服设计"变化与统一"形式美法则应用分析单》，进行综合阐述与总结。要求排版整齐、结构清晰、逻辑严谨、语言流畅，并结合局部图片实例进行论证说明。同时提交《国风系列礼服设计"变化与统一"形式美法则应用分析单》Word 文档电子版和 A4 纸质版，字体为宋体，字号小四号，行距 1.5 倍。

国风系列礼服设计"变化与统一"形式美法则应用分析单

班级：　　　　　　　　　　姓名：　　　　　　　　　　学号：

变化形式美的应用（15分）	变化的服装设计元素（5分）	
	变化设计的形式（5分）	
	变化设计的效果（5分）	
统一形式美的应用（15分）	统一的服装设计元素（5分）	
	统一设计的形式（5分）	
	统一设计的效果（5分）	
变化与统一形式的融合（10分）		

国风系列礼服设计

2. 以 3 人组成项目团队的形式选取国内一个服装品牌，分析最新季服装产品中应用的形式美法则，并制作调研 PPT 进行课堂汇报。完成要求如下。（40 分）

（1）团队协作与任务分工

3 人一组完成组队，确定团队名称。明确成员分工，包括资料收集整理员、方案设计者、PPT 制作者以及汇报演讲员等，确保各环节有序推进。

（2）服装品牌与产品的选择

必须选取一个具有一定知名度和市场影响力的国内服装品牌，品牌风格不限。分析的服装产品需为该品牌当季或最近一季推出的新品系列，以确保所研究的形式美法则应用具有时效性和代表性。

（3）形式美法则的应用分析

需对所选品牌最新季服装产品中涉及的多种形式美法则进行深入分析，每一种形式美法则的分析都要结合具体的服装款式、色彩搭配、图案设计、面料质感等方面进行详细阐述，并配以清晰的图片或实物示例说明。

（4）PPT 制作要求

调研 PPT 应具有清晰合理的内容结构，包括封面（项目名称、团队成员信息、所选品牌 LOGO 等）、目录（各部分主要内容标题及页码）、品牌介绍（品牌历史、发展现状、品牌定位、目标消费群体等）、形式美法则分析（各项法则的详细阐述及实例展示，如前所述）、总结（对该品牌最新季服装产品形式美法则应用的整体评价、团队调研收获与体会等）、参考文献（列出调研过程中引用的资料来源）等。PPT 演示文稿以电子文件形式提交，文件格式为 .ppt 或 .pptx，确保在课堂汇报展示时能够正常播放，且内容完整无缺失。

（5）汇报发言要求

每个团队的汇报展示时间应控制在 10 分钟以内，要求在规定时间内清晰、完整地阐述调研内容和成果，重点突出形式美法则在所选品牌最新季服装产品中的应用分析部分。汇报过程中要求语速适中、节奏平稳。

（6）作业提交要求

团队需在规定的截止日期前同时提交 PPT 文件电子版和打印版，文件命名格式为"团队名称_形式美法则在服装产品中的应用分析 .pptx"。

● 任务评价

《形式美法则在服装产品中的应用分析》技能演练项目评分表

团队成员：　　　　　　　　项目名称：　　　　　　　　最终得分：

一级评价指标	二级评价指标	评价观测点	得分
品牌与产品分析（12 分）	品牌选择恰当性（4 分）	1. 所选国内服装品牌具有较高知名度、代表性，且与当季时尚潮流或特定市场领域紧密结合，得 4 分。 2. 品牌有一定知名度，能体现一定服装风格或市场定位，但在创新性或潮流契合度上略有不足，得 2～3 分。 3. 品牌知名度低且缺乏特色，与服装行业主流或当季趋势关联不大，得 0～1 分	

一级评价指标	二级评价指标	评价观测点	得分
品牌与产品分析（12分）	形式美法则分析全面性（4分）	1. 对对称与均衡、比例与尺度、节奏与韵律、对比与调和、统一与变化等形式美法则均有深入且全面的分析，得4分。 2. 分析了主要的形式美法则，但存在个别原则分析简略或遗漏，得2～3分。 3. 仅分析了少数形式美法则，分析内容片面、肤浅，得0～1分	
	分析深度与准确性（4分）	1. 对形式美法则的分析精准到位，能深入结合品牌定位、目标消费群体和时尚潮流阐述其设计意图与应用效果，得4分。 2. 分析基本正确，但深度不够，未能充分挖掘背后的商业与审美考量，得2～3分。 3. 分析存在错误或误解，未能准确把握形式美法则在产品中的应用，得0～1分	
PPT制作（8分）	视觉效果（4分）	整体页面布局合理美观，色彩搭配协调，文字与图片比例恰当，得2～4分。若页面过于拥挤、杂乱或色彩刺眼，得0～1分	
	内容架构（4分）	1. PPT内容结构完整清晰，包括封面、目录、品牌介绍、形式美法则分析、总结、参考文献等必要部分，且逻辑连贯，得3分。 2. 内容结构基本完整，但存在部分板块缺失或逻辑不够严谨，得1～2分。 3. 结构混乱，内容残缺不全，难以形成完整的调研汇报体系，得0分	
汇报表现（10分）	语言表达（5分）	1. 汇报者脱稿演讲，表达流畅自然，语速适中，语音语调富有感染力，与观众有良好的眼神交流和肢体互动，得5分。 2. 基本能脱稿，表达较流畅，但存在少量卡顿、语速或语调问题，肢体语言不够自然，得2～4分。 3. 照本宣科，表达不流畅，语速过快或过慢，缺乏与观众的互动，严重影响汇报效果，得0～1分	
	仪态仪表（5分）	1. 站立或坐姿端正，肢体动作自然得体，无多余小动作，得2分。 2. 表情自信、亲和，与观众有良好的眼神交流，得2分。 3. 着装整洁、得体，符合演练场合的氛围，得1分	

一级评价指标	二级评价指标	评价观测点	得分
团队协作 （10分）	分工明确 （5分）	1. 团队成员任务分配清晰合理，每位成员的职责和工作内容明确界定，在调研、PPT制作、汇报准备等各个环节，成员均能按照分工高效执行任务，得4~5分。 2. 团队成员分工不明确，配合不够默契，个别成员的工作成效不显著，得0~3分	
	协作效果 （5分）	1. 团队成员之间沟通顺畅，信息共享及时有效，在遇到问题或分歧时能够通过积极协商达成一致解决方案，得2分。 2. 整个项目过程中团队氛围良好，成员相互支持、配合默契，能够充分发挥团队整体优势，得3分	

改进建议：

● 得分总评

知识冲浪分值：_____　　　技能演练分值：_____　　　评价人：_____

名言索引：

任其事必图其效，欲责其效，必尽其方。——[宋] 欧阳修

项目六
服装设计的方法——再造与原创

任务描述

运用再造设计法和艺术虚构设计法承担校企合作服装企业新产品设计任务，为服装企业开发出具有创新性、独特性和市场竞争力的新产品系列，满足消费者对于个性化、时尚化服装的需求，并引领服装行业的潮流发展趋势。

学习目标

知识目标
1. 明晰构思的概念、过程。
2. 掌握再造设计法的概念及常用技法。
3. 掌握艺术虚构设计法的概念及常用技法。

技能目标
1. 能够应用不同的构思方式进行服装设计方案的开发与制定。
2. 能够熟练应用再造设计法完成服装成衣的设计与开发。
3. 能够熟练应用艺术虚构设计法完成服装原创产品设计。

素质目标
1. 领悟到设计不是简单的模仿，而是要通过刻苦钻研、反复实践，掌握技巧和方法，方能在服装设计中驾轻就熟、游刃有余。
2. 坚定文化自信，秉持守正创新的理想信念，实现中华传统服饰的创造性转化、创新性发展。

课前思考

1. 在进行服装设计之前为什么要进行构思？
2. 不同的构思模式适合什么样的服装类别？
3. 再造设计法和艺术虚构设计法的根本区别在哪里？

重点难点

1. 重点：再造设计法的应用。
2. 难点：艺术虚构设计法的应用。

任务一 ▶ 服装设计的构思

一、构思的定义

构思是设计师将从不同途径获取的素材、信息资料等，经过思考、整理、加工、提炼后形成服装初步形态的思维拓展过程，它是塑造服装新形象的动力源泉。

二、构思的过程

（一）调研搜集

进行多方位的调研搜集是进行设计构思的第一步。通过对流行趋势、市场需求以及同类竞品的观察、分析、总结，获取设计元素与信息，为服装新产品开发找寻灵感与可行性依据。

（二）灵感捕捉

灵感也叫灵感思维，是设计者瞬间产生的富有开拓性和创造性的突发思维。灵感并不是心血来潮、灵机一动的产物，"得之于顷刻，积之于平日"，只有经过长期探索、积极思考、深入观察、丰富积累，设计师才可具备激发灵感的必要条件。由于灵感稍纵即逝，因此对灵感及时捕捉与记录尤为重要，可以通过图形、文字和符号等多种形式，随时随地记下头脑中的细微意念。

艺海拾贝：东方绝色——天青色汝瓷

自古就流传着"纵有家财万贯，不如汝瓷一片"的话，足以说明我国五大名窑之首"汝窑"的价值与魅力，而汝窑的建立是源自宋徽宗的梦中灵感。一日，宋徽宗梦到大雨过后，远处天空云破处，有一抹神秘的天青色，令人心旷神怡，醒来后便挥笔写下诗句"雨过天青云破处，这般颜色做将来"，传旨拿给工匠参考，让他们烧制出这一颜色。一时间，全国各地的工匠倾力研制，最终河南汝州的工匠技高一筹，以玛瑙入釉，烧出了宋徽宗最满意的天青色，故得名"汝窑"。而后这一介乎于蓝和绿之间的如梦似幻的天青色，成为汝窑的代名词，天青色正上品汝瓷也成为皇家御用瓷器（如图6-1）。

图6-1 汝瓷

方文山给周杰伦的歌曲《青花瓷》填词的时候，也从宋徽宗"雨过天青云破处，这般颜色做将来"的诗句中触发了灵感，写出了"天青色等烟雨，而我在等你"如此温柔缱绻的动人词句。

典雅清润的天青色被称为最美中国色，它的魅力不仅在艺术家的笔下得到升华与绽放，更是工匠们千锤百炼、反复钻研后所创造的经典与永恒。

（三）归纳整理

将记录下来的灵感和收集的设计素材，根据设计要求与目的，进行归纳整理，制作出系列的灵感素材板，最终形成最佳的产品设计方案。

三、构思的方式

（一）正向构思

1.定义

按照社会生活实践中约定俗成的规范与标准，综合服装用途，穿着者性别、年龄、身份等多方面要素进行的程序化构思方式（如图6-2）。

2.应用表现

成衣类别的设计。

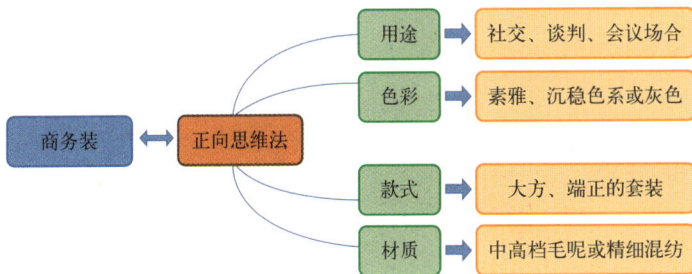

图6-2　正向构思法

（二）反向构思

1.定义

通过打破惯性思维，从事物的相反方向寻求突破与创新的一种思维方式。设计的表现形式超出常规，达到出其不意的设计效果（如图6-3）。

2.应用表现

极具个性的创意服装。

（三）联想构思

1.定义

根据事物之间存在的关联性，进行由此及彼、由近及远、由表

图6-3　反向构思法的应用

及里的一种思维方式。表现在服装设计中就是围绕一个现象或事物，通过发散性思维获得更多的设想，使最终的造型与经验中的事物具有拓展关联的特征以及内在的逻辑关系（如图 6-4、图 6-5）。

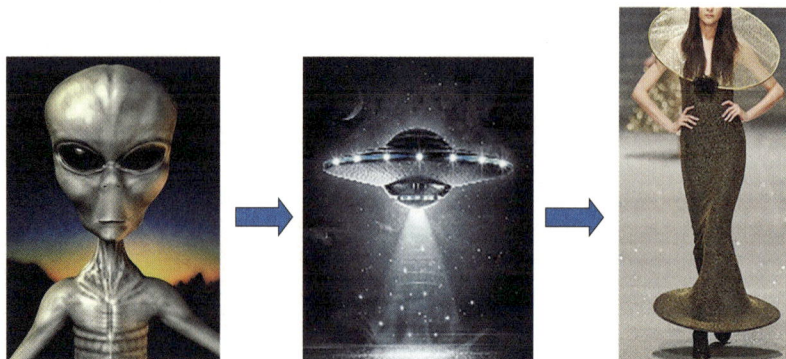

图 6-4　飞碟造型服装设计的联想构思过程

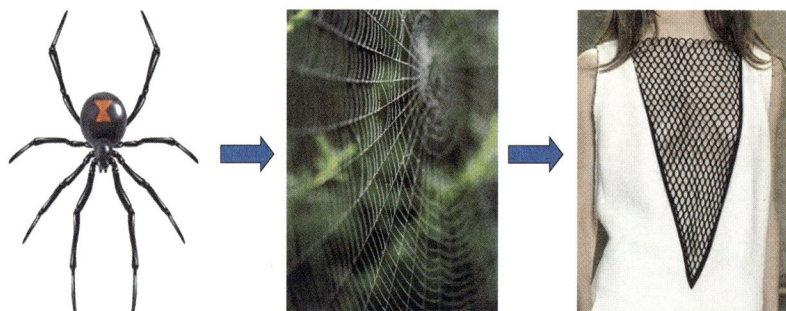

图 6-5　网眼服装设计的联想构思过程

2. 应用表现

创意装设计、成衣设计。

学习竞技台

● 知识冲浪（40 分）

一、判断正误，每题 4 分，共计 20 分。

1. 构思是设计师将从不同途径获取的素材、信息资料，经过思考、整理、加工、提炼形成服装初步形象的思维拓展过程。（　　）

2. 在进行校服设计时，应采用正向构思。（　　）

3. 由一个事物的外部形态、内部构造而想起与之类同或近似的造型。这种构思的方式是联想构思。（　　）

4. 北宋时期皇家御用天青色瓷器出自官窑。（　　）

5. 构思的三个步骤依次是观察搜集、灵感捕捉、归纳整理。（　　）

二、论述题，每题 10 分，共计 20 分。

1. 请分析构思的重要性及必要性。

2. 阐述正向构思和反向构思的区别及适用范畴。

● 技能演练（60 分）

结合款式一和款式二，分析它们的灵感来源、艺术特点及设计要素。完成要求如下。

1. 进行图片观察与记录

对两张图片中的服装设计作品进行全面细致的观察，不能仅局限于单一的灵感来源推测，要从多个维度进行分析，深度挖掘背后可能蕴含的深层次灵感启发因素。例如，从作品的色彩搭配、图案样式、款式轮廓等方面入手，思考它们可能与哪些文化、历史时期、自然现象、艺术流派或社会现象相关联。

2. 分析艺术特点和设计要素

准确界定作品所呈现的艺术风格，并通过服装的造型特点、色彩运用特点、面料质感与选择以及装饰手法等设计要素详细阐述该风格在服装作品中的具体体现。

3. 作业提交规范

完成对每套设计作品的详细分析后，填写《服装设计作品分析单》，进行综合阐述与总结。要求排版整齐、结构清晰、逻辑严谨、语言流畅，并结合局部图片实例进行论证说明。要求同时提交《服装设计作品分析单》Word 文档电子版和 A4 纸质版，字体为宋体，字号小四号，行距 1.5 倍。

服装设计作品分析单			
姓名：		班级：	学号：
	服装品类及风格特色	灵感来源	服装设计要素
款式一			
款式二			

款式一　　　　　　　　款式二

● 任务评价

《服装设计作品》技能演练项目评分表

设计者：　　　　　　　　班级学号：　　　　　　　　最终得分：

评分项目	评分要点	分值	得分
服装品类及风格特色的分析	能够准确界定作品的艺术风格，并从服装的造型、色彩运用、面料质感、装饰手法等多个方面详细阐述该风格的独特表现。敏锐地发现作品在艺术表现上的创新之处，包括设计理念、表现手法、材料运用等方面，并深入分析这些创新对作品整体艺术效果的提升以及对传统服装设计的突破和贡献	20分	
灵感来源的分析	能够准确且详细地指出两张图片服装作品的核心灵感来源，所阐述的灵感与服装的主题、图案、色彩、风格等方面高度契合。对于每个灵感来源，能够深入挖掘其背后的文化、历史、艺术或社会背景等因素，并从多个角度进行分析，展现出对设计灵感丰富内涵的理解	20分	
服装设计要素的分析	精确地描述服装的整体廓形、色彩搭配、面料的质感、纹理、光泽等特性	10分	
作业完成与提交	在规定时间内提交作业的电子版与纸质版，排版整齐，打印清晰，内容及字体符合要求	10分	

改进建议：

● 得分总评

知识冲浪分值：＿＿＿＿＿　　　技能演练分值：＿＿＿＿＿　　　评价人：＿＿＿＿＿

任务二　服装再造设计法的应用

再造设计法是服装设计常用的方法之一，它实用性强，便于掌握，易于上手，不仅适合服装设计初学者进行设计训练，还可以在服装企业进行新产品开发过程中发挥高效、快捷的作用。

一、再造设计法的定义

再造设计法

再造设计法又称借鉴设计法，是以现有的服装成品作为设计参考，在原有造型、材料、色彩、风格等基础上，结合设计要求以及形式美法则，对某些部位与细节进行取舍、提炼、改造后的创造性模拟。

二、再造设计法的应用特点

（一）参照对象的具体化

再造设计法的参照物是已经设计好的甚至是服装市场上正在热卖的服装成品，因此对于设计者而言，不仅降低了重新设计的难度，缩短了设计的周期，而且节省了设计成本，提高了工作效率。

（二）设计形式的借鉴化

再造设计后的服装是通过分析现有设计作品，然后运用一定的技法对原作品进行改造后诞生的新服装。设计者通过再造设计既能够借鉴现有的设计成果，又能够融入自己的设计思维和审美元素，从根本上杜绝了简单抄袭和原版照搬。

（三）使用范畴的广泛化

再造设计法非常适合初入职场的设计新手，也同样适合企业的设计团队。无论是成衣单品还是创意装系列设计，都可以通过对已有的产品或同类作品进行再造设计，所以再造设计法适合不同品类、不同风格的服装设计领域。

三、再造设计法的常用技法

（一）观察法

1.定义

从专业的设计角度，对参照作品进行细致入微的观察，分析材质、色彩、造型、工艺、饰品的设计特点，结合再设计要求和时尚要素进行优点、缺点、希望点的罗列，以此保证再造设计后的服装具有更好的设计效果。

再造设计法
应用实践

2.具体应用

（1）优点罗列　罗列已有作品中存在的优点与长处，可以考虑在改造后的设计中继续沿用。

（2）缺点罗列　罗列已有作品中存在的缺点与不足，分析其原因，在以后的设计中加以改进或去除。

（3）希望点罗列　通过搜集的各种流行资讯及设计建议，探索进行服装创新的可能性（如表 6-1）。

（二）极限法

1.定义

又称夸张法，是在事物原有状态的基础上进行放大、缩小、加长、变短，在趋向极致的过程中截取新造型的设计方法。

2.具体应用

极限法的应用与英语中原级、比较级、最高级的应用有异曲同工之处。即在原有造型基础上，对其造型及数量进行最大可能性的再造。

表 6-1　再造设计观察法应用表

参照作品	观察分析内容		新的设计方案
	优点罗列	1.袖面设计效果较好，特别是袖口的收缩型设计。 2.服装的廓形与再设计要求相吻合。 3.弹性服装面料可以继续采用	保留
	缺点罗列	1.领口设计过大，不匹配新的设计要求。 2.裙摆收口小，上下装对比不强烈	改进
	希望点罗列	1.增加服装的装饰效果，加腰带、花边等饰品。 2.尝试改变服装的色彩，增加面料的图案设计	增加

（1）数量极限法　从原作品造型元素的数量上做极限再造，如从少到更少，从多到更多。

（2）长短极限法　从原作品造型形态的长短上做极限再造，如从短到更短，长到更长。

（3）大小极限法　从原作品造型形态的大小上做极限再造，如从小到更小，从大到更大。

（三）反对法

1.定义

又称逆向再造设计法，是指将原有事物的形态做反向处理，寻求异化和突变的设计方法。比如从长款变为短款，从宽松变为紧身，从单调变为繁复，从暖色变为冷色，从素色变为图案等。

2.具体应用

（1）色相逆向再造　运用与原有服装中的色彩搭配、组合完全相反的色彩设计。

（2）材质逆向再造　将原有设计中的材料进行替换，包括不同组织（机织物转换为针织物）、不同光感（光泽面料转换为亚光面料）、不同色感、不同型感（硬挺材质转换为悬垂材质）、不同质感（粗犷厚重的材质转换为飘逸柔软的材质）的材质对比变化。

（3）款式逆向再造　在造型款式设计上与原有作品进行相对设计。如前开襟设计变为背后开合，里装转变为外装，上装设计用于下装等。

（四）转换变更法

1.定义

将服装原作品中的材质、结构、工艺或造型手段以其他设计形式进行转换、替代的再造设计方法。

2.具体应用

此种方法具有非常灵活的特点，但在具体应用中要杜绝为变而变的设计。设计者应结合流行趋势与形式美法则，严格控制对原作品的变更内容，切忌改头换面失去原有设计作品的艺术魅力。

（1）变更局部造型　对原有作品的局部造型进行变更，比如立领变为翻领，对襟变为偏襟，贴袋变为挖袋等。但要保证变更后的局部造型与整装风格相一致。

（2）变更部分材质　对原有作品的部分材质进行变更。具体的形式有：相似属性材质间的相互变更，如塔夫绸变更为素软缎，蕾丝纱变更为雪纺纱，牛仔布变更为斜纹布；相对属性材质间的相互变更，如丝缎变更为皮革，机织物变更为针织物等。

（3）变更工艺结构　对原有作品的工艺结构进行变更。比如插肩袖变为装袖，省道变为分割线，连身立领改为装立领等。变更工艺结构会造成服装功能与工艺制作流程的改变，所以在使用时一定要做到有的放矢。

（4）变更色彩应用　对原有作品的色彩与图案进行变更。变更的原因要充分考虑季节与穿用场合的需要。

（五）加减法

1.定义

在原有设计作品上加上一些设计细节使其变得繁复，或减去一些设计元素使其变得简洁。

2.具体应用

加减设计法并不是对原有作品简单地进行增添与删减，增减的设计依据必须根据流行时尚及服装风格定位要求，成衣设计还要考虑服装的成本控制。

（1）加法设计　在原有服装基础上，通过增加饰品、图案和服装零部件的方法打造出奢华、繁复的服装效果。

（2）减法设计　追求简洁的服装风格用减法设计。比如成衣设计中对高级时装进行借鉴，需要把高级时装中过多的装饰元素删减，剔除手工工艺成分，使其变得简洁实用，适于流水线的生产特点。

（六）联想追踪法

1.定义

以某一服装作品为母型，应用发散性思维纵横关联起来思考，贯穿"变化与统一"形式美法则，通过打散、重组、变换、移动等方法把相关的造型尽可能多地开发出来，使再造后的服装与服装母型形成设计要素一致、艺术观感相近的系列服装设计作品。

2.具体应用

联想追踪法设计思路开阔、设计方法灵活，不仅适用于批量成衣的设计开发，也可用于创意装的系列设计。

（1）服装廓形的联想追踪　以服装母型的廓形为主导，以突出统一的轮廓特点为特征进行联想追踪，再造后的服装之间具有相似的外形特征，应用核心是选择廓形特点鲜明突出的服装母型，比如婚纱、晚礼服等。

（2）服装工艺的联想追踪　以服装母型中采用的工艺技法为主导，如刺绣工艺、褶裥工艺、镂空工艺等，以此作为联想追踪的要素，使工艺技法贯穿其间，形成再造服装之间关联的纽带。

（3）服装材质的联想追踪　以服装母型的材质为主导，通过联想追踪将材质对比和组合形式应用于再造服装设计之中。

学习竞技台

● 知识冲浪（20分）

填空，每空2分，共计20分。

1.再造设计法又称＿＿＿＿＿＿。它具有＿＿＿＿＿＿＿＿、＿＿＿＿＿＿＿＿＿、

_____三大特点。

2. 观察法的具体应用包括 _____、_____ 和希望点罗列三个方面。

3. _____ 的应用与英语中原级、比较级、最高级的变化过程有异曲同工之处。

4. 进行 _____ 时要严格控制对原作品的变更内容，切忌变更过多、改头换面，失去原有设计作品的艺术魅力。

5. 运用 _____ 后的设计作品，每一款的设计都与服装母型具有连续性，不仅适用于批量成衣的设计开发，也可用于创意装的 _____。

● 技能演练（80分）

运用观察法分析款式一、款式二、款式三的设计特点，并在原有款式的基础上，每款分别采用极限法、反对法和转换变更法进行再造设计练习，以着色效果图的设计形式进行展现。完成要求如下。

1. 观察分析要求

针对款式一、款式二和款式三，分析设计细节，包括服装的外部廓形、内部结构、服装局部造型特点、装饰元素以及面料的质感和纹理表现、色彩搭配等。将观察到的设计特点以文字形式详细记录下来，形成对每个款式的全面设计分析报告，为后续的再造设计提供坚实的理论依据。

2. 再造设计法的应用

分别应用极限法、反对法和转换变更法进行再造设计练习。要充分考虑服装的整体协调性和可穿性，突破常规思维，创造出令人眼前一亮的全新视觉效果。

3. 着色效果图绘制要求

使用专业的绘图工具（如绘图软件或手绘工具）绘制再造设计后的款式着色效果图。效果图要遵循服装效果图的绘制规范，确保人体比例协调、线条流畅、服装结构清晰等。确保效果图能够准确地呈现出再造设计后的服装款式、色彩搭配、面料质感以及装饰细节等信息，附上设计说明，阐述再造设计的灵感来源、设计理念以及预期达到的效果。

4. 作业上交要求

作业包含对款式一、款式二和款式三的列表观察分析报告，以及每个款式分别运用极限法、反对法和转换变更法进行再造设计后的着色效果图，共计9份效果图（3个款式 ×3 种再造设计方法）和3份观察分析报告。所有文档和效果图应按照统一的格式要求进行整理和排版。

款式一 款式二 款式三

● 任务评价

《再造设计法设计应用》技能演练项目评分表

设计者：　　　　　　　　班级学号：　　　　　　　　最终得分：

一级评价指标	二级评价指标	评价观测点	得分
观察分析（15分）	全面性（9分）	1. 对款式一、二、三的设计特点分析涵盖至少8个主要方面，每款得3分，缺一款扣3分。每少分析一个主要方面，每款扣0.5分。 2. 对每个款式能额外分析出设计元素之间的搭配关系或风格倾向，每款加1分	
	准确性（6分）	对各款式设计元素的描述准确，无明显错误或模糊不清之处，得6分。每出现一处错误或模糊描述，每款扣0.5分	
极限法再造设计（15分）	极限设计元素运用（9分）	1. 针对每款选取1～2个关键元素进行大胆且合理的极限夸张，效果显著且独特，每款得2分。若夸张元素选取不当或夸张程度不足，每款得1分。 2. 夸张后的整体设计仍具美感与可穿性，每款得1分。若整体效果怪异或难以穿着，每款扣1分	
	创新性（6分）	设计展现出独特创新思维，有突出亮点，每款得2分。若设计缺乏新意，每款得1分	
反对法再造设计（15分）	反对设计元素运用（9分）	1. 准确针对原款式主要设计元素进行逆向改变（如廓形缩放、色彩反转等），且改变合理，每款得2分。若逆向操作不彻底或不合理，每款得1分。 2. 逆向设计后功能与审美平衡，满足穿着基本需求，每款得1分。若存在功能或审美缺陷，每款扣1分	
	协调性（6分）	反对法设计各元素整合协调，无拼凑感，整体方案合理，每款得2分。若存在元素冲突或整体不协调，每款得1分	
转换变更法再造设计（15分）	转换变更设计元素运用（9分）	1. 合理替换原款式部分元素（如面料、图案等）并巧妙融合新元素，形成独特设计，每款得2分。若元素替换不当或融合不佳，每款得1分。 2. 替换融合后的设计与原款有一定关联且展现新风格，每款得1分。若风格脱节或无创新，每款扣1分	
	细节把控（6分）	对转换变更后的服装细节处理精细，如裁剪、装饰细节体现较高水准，每款得2分。若细节粗糙或有明显瑕疵，每款得1分	
效果图绘制（12分）	规范清晰（9分）	1. 效果图人体比例协调，线条流畅，色彩饱满，服装结构准确呈现（包括正、侧、背面），每款得2分。若比例失调、线条或结构问题明显，每款扣0.5～1分。 2. 画面整洁，无明显涂改污渍，每款得1分	
	细节标注（3分）	效果图上关键设计细节标注准确清晰，文字规范，每款得1分。若标注缺失或错误多，每款扣0.5分	
整体完成情况（8分）	数量完整（4分）	按要求完成三个款式的所有分析报告和再造设计效果图，得4分。每缺少一份扣1分	
	格式规范（4分）	文档和效果图排版整齐，信息标注完整（款式名、设计法、姓名学号等），得4分。若格式或标注问题较多，扣1分	

改进建议：

● 得分总评

知识冲浪分值：_____　　　技能演练分值：_____　　　评价人：_____

任务三　服装艺术虚构设计法的应用

一、艺术虚构设计法的定义

艺术虚构设计法应用实践

指设计师在服装创作过程中，通过对多样的素材与客观存在的事物进行分解、融合、凝练、改造、移植、补充、想象、夸张、变形等艺术手法的处理，塑造出服装艺术造型的方法。

二、艺术虚构设计法的应用特点

（一）取材的丰富化

艺术虚构并不是设计师的主观臆想，而是设计师对丰富设计素材的艺术提炼、加工和改造，这些素材来源于自然或现实生活中的方方面面，形态多种多样、具有不同的属性与特点。

（二）艺术的凝练化

艺术虚构设计法展现了设计师的主观思想、丰富想象和独特审美，是设计师将设计素材进行整理、归纳、分析、加工、筛选、综合，一步一步将现实美推向艺术美，最后塑造出服装形象的过程。

（三）作品的原创化

艺术虚构设计是设计师凭借深入生活的体验、广博的学识、大量素材的积累进行加工、改造后的艺术呈现。通过艺术虚构设计法诞生的服装是设计师主观情感和审美理想的承载物，是彰显设计师独特设计风格的个性标签，是设计师品牌创立的基础。

三、艺术虚构设计法的常用技法

（一）仿生设计

仿生设计来源于多个领域应用，融生物科学、工程技术、艺术审美于一体的仿生学，展现出人类社会与自然界的和谐共生。

1.定义

仿生设计是设计师以自然中生物、植物的"形""色""音""功能""结构"等为研究对象，运用概括、提炼、模仿、创新、融合的方法进行艺术加工，创造性地构建服装的造型款式、内部结构和细节等展开的设计活动。

2.仿生元素

（1）造型仿生　对自然界中植物、动物、昆虫的整体形态或局部形态进行的优化模仿。

（2）色彩仿生　对自然界中的植物、动物、昆虫身体上所具有的色彩及组合形式进行的优化模仿。

（3）肌理与图案仿生　对自然界中的植物、动物、昆虫外表所呈现的特殊纹理和图案进行的优化模仿（如图6-6～图6-8）。

图6-6　造型仿生

图6-7　色彩仿生　　　　　　　　　　　　　图6-8　肌理与图案仿生

（4）材质仿生　模仿自然界中的生物体所具有的特殊功能，通过先进的科学与技术创造出新型的服装材质，从而赋予服装更完备、更高端的功能。

艺海拾贝：虎虎生威的虎头鞋

在中国传统文化中，老虎是威猛、庄严和力量的象征，是中华民族所崇拜的图腾纹样之一。自古以来，我国民间就流传着老虎能安宅辟邪，护佑家人平安的典故。因此中国儿童穿虎头鞋、戴虎头帽的风俗也由来已久，这些承载虎形象、虎文化的吉祥物，寄托了父母为孩子辟邪驱毒，希望孩子虎虎生威、茁壮成长的美好祝愿。

虎虎生威的
虎头鞋

传统虎头鞋在造型、工艺和色彩上都很讲究。人们把现实中的虎和想象中的虎交融在一起形成虎头鞋的造型，使其具有人的性格、人的感情。以大头、大眼、大嘴、大尾巴的组合将老虎勇猛的外形与天真呆萌的神态巧妙融合，与孩童稚气、活泼、可爱的天性相得

益彰。作为非物质文化遗产，传统虎头鞋采用了刺绣、拔花、打籽等多种针法纯手工制作，每条针线都蕴含着美好的寓意。两层鞋底使孩子穿起来更加舒适，也代表着好事成双，好运连连。鞋底的针脚一般缝制四针，寓意四平八稳，吉祥如意。四针连在一起的针脚有九行，寓意长长久久，孩子长命百岁。虎头鞋上系有铃铛，避免孩子离开家长的视线，铃铛有两个颜色，寓意孩子优于他人，聪明灵动。为突出立体感，虎嘴、眉毛、虎鼻、虎眼等处常采用粗线条勾勒，其中老虎的眼睛缝三针，寓意三足鼎立；眼眉缝七针，寓意七上八下，孩子更加灵活；胡须缝五针，寓意孩子能金榜题名，五谷丰登，饱读诗书，游览五湖四海。用兔毛在虎耳、虎眼等处镶边，用各色布条、纽扣等原材料做点缀，惟妙惟肖、憨态可掬的虎头造型就诞生了。在色彩上，虎头鞋多以红色、黄色、黑色三色为主，在镶边、滚边等细节的装饰处理上，多以粉红、绿色、白色来搭配使用。在有些地区，虎头鞋色彩有"头双蓝，二双红，三双穿得子落成"的说法，即新生儿从出生到满一百天要按顺序穿够蓝、红、紫三双虎头鞋。蓝谐音"拦"，意为拦住孩子，避免夭折，无病无灾（如图6-9）；红色有辟邪之意（如图6-10）；紫谐音"子"，当孩子穿上紫色的虎头鞋后便算是长成了，紫还有紫气东来的意思。待孩子穿够这三双虎头鞋，便能够安安稳稳、健健康康地长大了。

　　栩栩如生的虎头鞋，是中华民族留下的宝贵财富，既有美好的祝福寄托，又为我们当今的设计提供了深邃的寓意和丰富的素材。

图 6-9　蓝脸虎头鞋

图 6-10　红脸虎头鞋

3. 设计形式

（1）直接仿生　又称原生态仿生，即对自然界中的某一生物体进行整体或局部的"等比例"或"变比例"的直接模仿，从材质到形态几乎不加变化、原汁原味地在服装上进行应用与体现，达到外部形态逼真的"形似"。这种设计风格生动活泼、直观明朗、形象生动、趣味横生，极具观赏性与超前性（如图6-11、图6-12）。

图 6-11　蝴蝶的直接仿生

图 6-12　蜻蜓的直接仿生

（2）意象仿生　意象仿生又称间接仿生，是对生物鲜明特征进行艺术加工后的抽象设计，用点、线、面的多元组合体现与自然形态的"神似"，在服装形式上表现为高度的简化、概括、描摹、分解、重组后的更高层次的仿生设计（如图6-13、图6-14）。

图6-13　蝴蝶的意象仿生

图6-14　金鱼的意象仿生

师生互动

同学们，请大家结合我国传统服饰设计，说一说仿生设计的应用。

（二）怀古设计

1.定义

怀古设计又称复古设计，是一种参照我国历史上某一个时期的服装样式，根据现代服装特点与时尚潮流，重新筹划服装样式的创作方法。

2.设计形式

所设计的服装是对中国传统服饰进行创造性转化和创新性发展，通过传承与创新的碰撞，古典与时尚的完美融合，呈现独特的中国韵味。

（1）传承改良型　以发扬中国传统服饰文化为主旨，参照历史记载、图片资料，最大程度地继承不同朝代服饰形制与规范，适度对古代服饰进行改良与优化，以此提高服装的舒适度与实用性，使服装最终形式凸显时空纵横的历史感。主要的服装呈现形式为汉服（如图6-15～图6-17）。

图6-15　改良中腰襦裙设计

图6-16　改良袄裙设计

图6-17　改良半臂襦裙设计

同学们，汉服是中国汉族的传统民族服饰，又称华服，主要是指汉民族所着的、具有浓郁汉民族风格，区别于其他民族的传统服装。经过历史的沉淀，汉服形成了相对固定的三大形制，大家知道分别是什么吗？

（2）创新融合型　通过对服装复古元素的提炼、重组，使之融入现代服装设计中，让经典的复古风格与现代流行时尚完美融合，形成具有创新性且符合现代人审美需求的服饰。

① 款型的创新。打破传统汉服的组合形制，按照美观、实用、舒适、现代的原则进行创新应用（如图 6-18）。

② 服饰品的创新。对历史服装中服饰品的品种、佩戴方式、造型、材质进行创新设计应用（如图 6-19）。

图 6-18　袄裙的创新设计

图 6-19　腰封的创新设计

③ 图案的创新。对历史服装中传统图案的式样、工艺技法、整体布局进行创新（如图 6-20）。

④ 色彩的创新。打破历史服装的传统用色及配色，使服装的色彩设计更具现代感与时尚感（如图 6-21）。

图 6-20　图案的创新设计

图 6-21　色彩的创新设计

（三）民族服饰设计

我国是一个统一的多民族国家，除汉族外，还有 55 个少数民族。每个少数民族都有自己独特的服饰，它们绚丽多彩、各具风情，承载着各少数民族的文化与历史。将少数民族服饰元素融入现代服装设计中，不仅是世界时尚舞台的发展趋势，也是弘扬博大精深、源远流长的中华服饰文明的重要途径。

苗族银角发冠

1.定义

通过撷取我国各少数民族服饰的典型特征与个性要素，加以改进和提升，筹划出现代服装的设计方法。

2.民族服装的艺术特征

（1）色彩鲜明，对比强烈

① 以黑白色相为主色调，配以色彩鲜艳的花边、头巾或围腰等饰品进行点缀。

② 采用相对色或互补色的搭配形式，呈现出鲜艳夺目、对比强烈、层次丰富、夸张而不落俗套的艺术效果（如图 6-22）。

图 6-22　我国少数民族服饰配色

（2）款型丰富，结构独特

① 北方气候寒冷，北方民族服装款式以"长而厚"为主，男子主要是各种袍服，比如蒙古袍、藏袍；女子除了袍服外还有长袖配长裙。材质上多采用皮毛与锦缎及毡材料。

② 处于暖、湿地带的南方少数民族，服装款式上以"短而薄"为主，男子主要是短袖上衣配中短阔腿裤；女子是短袖上衣配短裙。材料中棉、麻居多。

（3）配饰多样，数量繁多

① 少数民族通过形式多样、遍布全身的整套饰品来显示身份、象征富足、展示力量，配饰的形式五花八门，常见的有帽饰、胸饰、头饰、发饰、腰饰、耳饰、臂饰、脚饰、刀饰、包饰等。

② 配饰的数量多、形态大、造型独特质朴，蕴含图腾崇拜，寄托美好祝愿。

③ 配饰材质多样，如玛瑙、松石、玉石、金属、羽毛、丝线等（如图 6-23、图 6-24）。

图 6-23　我国藏族服装配饰

图 6-24　我国苗族服装配饰

（4）纹饰精美，内涵深厚　少数民族服装中纹饰的应用是必不可少的，常见于服装领口、袖口、门襟、下摆等处，纹饰有连续的、单独的，在式样上有几何图案、动物图案、植物图案、人物图案、故事图案、景色图案、文字图案等，数不胜数且各具特色。纹饰是民族图腾的展示，也是民族生活、习俗、历史的生动记录（如图 6-25、图 6-26）。

图 6-25　云南彝族挑花图案

图 6-26　云南苗族刺绣图案

（5）工艺精湛，独具匠心　工艺是展示少数民族服装特点的重要方式，经年的积累与传承，少数民族手工艺达到了炉火纯青、出神入化的程度，凭借刺绣、印染、镶拼、编结、锻造等技艺，少数民族服饰被赋予了鲜活生动的特质。

3. 设计形式

（1）应用民族服装色彩设计　在现代服装设计中，部分或全部应用少数民族服装色彩搭配的方法与形式，以减弱过于强烈的对比程度。可以通过调整色相的面积大小和降低或增加明度、纯度来获得更和谐的效果。

（2）应用民族服装造型设计　将少数民族独特的服饰造型经过优化应用在现代服装设计中（如图6-27）。

（3）应用民族服装的工艺装饰　在现代服装中加入少数民族服装的纹饰和工艺技法，如刺绣、扎染、拼接等，彰显民族服装的个性与魅力（如图6-28）。

图 6-27　苗族服饰造型应用

图 6-28　少数民族服装色彩与图案应用设计

（四）主题设计

1. 定义

以某一具体的"主题"为导向，遵循观察—分析—提取—塑型的设计路线，通过设计师对"主题"的深入调研与分析，确定与"主题"之间的共振点、兴奋点，找寻契合点、突破点，最终实现服装造型、色彩、材料设计方案的全过程。

2. 设计形式

（1）景观主题　景观主题取材于自然景观或人工景观。自然景观是指自然风景，如大小山丘、古树名木、石头、河流、湖泊、海洋等。人工景观主要有文物古迹、文化遗址、园林绿化、艺术小品、商贸集市、建构筑物、广场等。

将从自然景观和人工景观中提取的色彩、形态、结构、肌理、质感、层次等设计要素转化为服装的形式，展示出服装与景观美的融合。

艺海拾贝： 自然景观主题设计——大运河系列

中国著名设计师张肇达以京杭大运河为主题，将大运河所贯穿的五大水系，即海河、淮河、长江、钱塘江、黄河的视觉印象作为设计元素，通过五个系列的服装作品呈现出大运河的壮丽气魄以及蜿蜒多变的河岸风貌（如图6-29～图6-33）。

图 6-29　第一系列：海河夜色

以海河的夜色作为开场，运用光滑与垂坠的深蓝与酒红色缎面礼服，搭配各式金线与钉珠，呈现波光粼粼的海河，在河岸边无数城市灯光的映衬下，宁静又浪漫的画面。

图 6-30　第二系列：淮河晨曦

晨曦下，淮河之水缓缓而流，两岸丰收的田野，在河水的浸润下郁郁葱葱。以黄绿色、湖蓝色、紫色的贴身礼服搭配硬挺的网纱，表现淮河河岸稻田、河面、朝霞的相互辉映。

图 6-31　第三系列：长江三峡

将长江的畅快与三峡的俊朗呈现在隆重的青绿色与蓝色丝绒及提花礼服中，运用大量的打褶，再在腰间与裙摆用花边以曲线点缀，犹如青绿色的长江在遍布丛林的三峡之间蜿蜒。

钱塘江水湍湍急流，激起层层白浪遮天。运用米白、灰色、黑色三个色调的半透明薄纱，搭配金色与银色点缀，呈现在阳光的照耀下，钱塘江大潮中层层叠叠翻涌向前的浪花。

图 6-32　第四系列：钱塘江大潮

"黄河之水天上来，奔流到海不复回"，最后一个系列以金黄色与深蓝色的相互交织，大量金色花边与水晶闪钻交叠，再搭配层次错落、蓬松拖地的裙摆，体现黄河天水相接、万里奔腾、浩浩荡荡的气势。

图 6-33　第五系列：黄河浩荡

艺海拾贝： 人文景观主题设计——流动的紫禁城

　　《流动的紫禁城》是中国著名艺术家胡晓丹先生的倾心之作，自问世以来以其独特非凡的创意，通过生动、直观、时尚的两千多套服饰（如图6-34），鲜活地展现了从太和门上的门钉到太和殿中的鎏金龙椅、珍宝馆中的珐琅座钟几乎故宫中轴线上的所有建筑，使"紫禁城"这座中国的"殿宇之海"神奇地流动起来，以全新的视角展现了北京紫禁城的恢宏之美。

图 6-34　流动的紫禁城服装系列

（2）器物主题　以生活中的器物为设计题材，将器物的轮廓、造型、色彩、图案、纹理与服装外轮廓及内部细节进行结合，形成独特的服装造型（如图6-35、图6-36）。

图 6-35　水罐器物主题设计　　　　　　图 6-36　灯罩器物主题设计

（3）绘画主题　优秀的绘画作品以其鲜明的美学特色，呈现出强烈的艺术性和装饰性。设计师通过直接复制绘画作品中的整体内容，或者提取绘画作品中的线条、色块、形态等绘画元素，采用印染、刺绣、拼布、编结等不同工艺手法与不同风格种类的服装进行融合的设计方法（如图6-37、图6-38）。

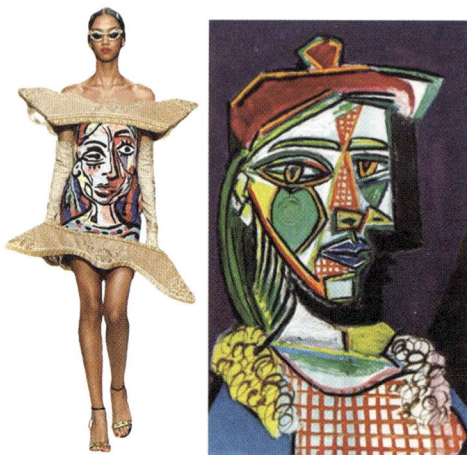

图 6-37　毕加索《戴贝雷帽、穿格子裙的女子》　　　图 6-38　蒙德里安方格时装

（4）非遗主题　非物质文化遗产（以下简称非遗）指各族人民世代相承的、与群众生活密切相关的各种传统文化表现形式。中国作为一个具有悠久历史和灿烂文化的泱泱大国，非遗是中华优秀传统文化的重要组成部分。保护好、传承好、弘扬好非遗文化，对于延续历史文脉、坚定文化自信、推动文明交流互鉴、建设社会主义文化强国具有重要意义。通过设计的方式将传统非遗文化元素有机地融入现代服装中，借助服装载体实现非遗活态化传承。

刀尖上的东方浪漫——剪纸艺术与服装设计的千年对话

同学们，赓续非遗文化根脉是我们当代青年的历史使命与责任，大家都知道哪些非遗文化项目呢？可以通过哪些方式与服装相结合呢？

① 非遗手工艺应用。非遗手工艺是从民间出现并发展至今的传统手工技艺。我国非遗手工艺种类丰富，广泛存在于人们生活生产中，例如扎染、木艺、剪纸、面塑、瓷器、刺绣、烙画、木版年画、玻璃吹制等非遗项目都蕴含丰富的艺术价值。通过"制作—研发—保护—创新"的传承发展方式，传统手工技艺以服饰图案、服饰色彩等不同的形式出现在服装中，非遗传统手工技艺得到延续、保护与传承（如图 6-39 ～图 6-41）。

中国四大名绣——东方美学的传承与创新

图 6-39　剪纸艺术服装

图 6-40　扎染艺术服装

图 6-41　青花瓷礼服

181

② 非遗材质应用。对传统织物产品，如宋锦、漳缎、花罗、香云纱、夏布、蓝印花布等列入非遗项目的传统型织造面料重新改良工艺和设计纹样，将传统面料与现代印染技术结合，让古典神韵焕发时代新颜（如图 6-42 ～图 6-44）。

图 6-42　夏布时装设计

图 6-43　香云纱时装设计

图 6-44　宋锦时装设计

③ 非遗表演艺术应用。表演类非物质文化遗产是非遗的重要组成部分，涵盖种类有传统音乐、传统舞蹈、传统体育、游艺与杂技，以及曲艺四大类。传统艺术表演类非物质文化遗产项目与礼仪民俗、民间信仰息息相关，其文化资源的活态性、传承性更加显著。挖掘非遗表演艺术中蕴含的符号和元素在服装中加以创新应用，形成国潮风尚的设计（如图 6-45 ～图 6-47）。

孟觉海：《雅观楼》

盖苏文：《淤泥河》

图 6-45　脸谱时装

图 6-46　皮影时装

④ 非遗传统美术类项目的应用。从中国年画、国画、书法等非遗传统美术作品中直接提取或经过简化、变形等处理，应用于服装的局部或整体图案设计，可以是单独的图案，也可以是连续的纹样，呈现出古典、优雅、大气的风格，展现出服装的独特韵味和文化内涵（如图 6-48）。

图 6-47　醒狮服装

图 6-48　国画书法服装

（五）风格设计

1.定义

指在设计作品中通过对特定视觉元素的组合与应用，展现出一定的历史背景和文化属性，体现出相对固定的设计理念或审美取向。

2.设计形式

（1）运动风格　运动风格起源于 20 世纪 70 年代的美国，传递出自由、轻松和健康的生活态度。目前是一种全球性的时尚潮流风格，广泛应用于休闲、健身、户外等各种场合（如图 6-49）。设计要素包括：

① 款型。以宽松、舒适的 H 廓形为主，内部结构应用分割和拼接设计，卫衣、运动裤、宽松的 T 恤等都是典型的运动风格单品。

② 材质。选择功能性材质，满足吸湿、透气、速干、抗菌、防晒等穿着要求。

③ 色彩。常采用饱和度高、明度高的色相组合。浅色系中的米色、卡其色等也是运动风格服装中常见的选择。

（2）田园风格　田园风格的灵感源于田园风情和乡村生活，体现自然、舒适、清新的风格特点，诠释从容、淡泊、自由的生活态度（如图 6-50）。设计要素包括：

图 6-49　运动风格设计

图 6-50　田园风格设计

① 款型。以宽松、舒适的廓形为主，给人轻松、自在的感觉，少有紧身的款式，常见的有宽松的连衣裙、短裤、衬衫等，注重细节的处理，比如领口、袖口、口袋等部位的褶边、褶裥设计，都能为服装增添一份独特的美感。

② 材质。棉、麻、丝等天然面料，再生纤维材质，格子与碎花的图案，均是田园风格服装的首选，不仅舒适透气，而且具有自然、质朴的属性。

③ 色彩。通常以温暖、柔和、淡雅的自然色调为主，如浅绿、米白、淡蓝等，图案简单，给人带来一种清新、自然、淳朴的感觉。

（3）简约风格　追求简练、时尚、大方的设计风格就是简约风格，其特点是将服装设计元素简化到最基本的状态，突出服装的内在质量（如图6-51）。设计要素包括：

① 款型。注重外轮廓合体性和内部结构线条的流畅性，追求精致的版型与做工，剔除烦琐的装饰细节，营造大气、庄重、经典的品质感。

② 材质。选择高质量、型感强的材料，如精纺毛呢、重磅真丝等，凸显服装的质量感。

图 6-51　简约风格设计

③ 色彩。以低调、优雅的中性色为主，如黑、白、灰、米色、卡其等，以鲜艳的颜色来点缀整个设计，增加时尚感和视觉冲击力。

（4）奢华风格　奢华风格的来源是欧洲17—18世纪的巴洛克、洛可可艺术风格，通过复杂的工艺和华丽的装饰，展现出高贵、典雅、华丽的气质，常应用在礼服设计中（如图6-52）。设计要素包括：

① 款型。采用强调身形比例的X、S、A形外轮廓，内部结构线条丰富、流畅，服装表面使用大量的装饰元素，如水晶、宝石、珍珠等，提升服装的奢华度，使其更加耀眼夺目。通过刺绣、流苏、钉珠、水钻、铆钉、亮片等重工打造，增加服装的细节设计感和视觉冲击力。

② 材质。通常选用质地细腻、光泽度高的高档面料，如丝绸、天鹅绒、皮草等。

③ 色彩。采用饱和度高、明度高的色相，如金色、黑色、宝石蓝、粉色等，营造出华丽、高贵的氛围。

（5）暗黑风格　暗黑风格源自哥特艺术风格，在当今时尚界中独树一帜。暗黑风格以超自然、消亡、魔幻等主题，表达一种深沉、神秘和冷艳的美感，展现出独立、自信和反叛的个性（如图6-53）。设计要素包括：

① 款型。整体造型夸张奇特，外轮廓以H形与V形为主，强调肩部和袖部的造型，内部结构多用不对称设计，附加一些神秘、魔幻的元素，如蝙蝠、蜘蛛等锐利的形状或图案，塑造神秘、幽邃的情境，表现出超自然的力量感。

② 材质。运用皮革、蕾丝、绸缎等面料，加之金属、珠片、羽毛等装饰材质，为整个造型增添华丽感和神秘感。

③ 色彩。通常采用深色系的颜色，如黑色、深灰色、深蓝色、紫色等，缔造诡谲、神秘的格调。

图 6-52 奢华风格设计

图 6-53 暗黑风格设计

艺海拾贝：沉郁而绮丽、神秘而优雅的哥特艺术

　　哥特艺术风格形成于 12 世纪的法国，历经百年演变，哥特风格逐渐与黑暗、神秘和浪漫等元素相结合，形成沉郁而绮丽、神秘而优雅的风格时尚。在现代社会中，哥特风格渗透到建筑、雕塑、文学、绘画、电影、音乐以及服饰等不同的艺术领域中。

　　哥特建筑流行于 13—15 世纪的欧洲，著名的米兰大教堂和德国科隆大教堂就都属于哥特式建筑。哥特建筑的基本构建是尖拱和肋架拱顶，整体风格高耸削瘦，通过鳞次栉比、高低错落的比例，落地窗彩色拼花玻璃中光影的投射与交错，彰显出深邃隐秘、端严肃穆的浓烈情愫（如图 6-54）。

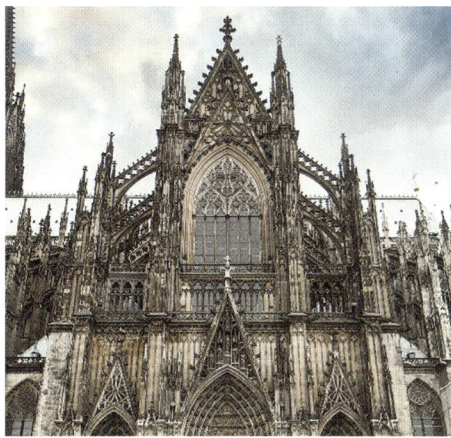

图 6-54 哥特风格建筑——德国科隆大教堂

　　除了建筑之外，哥特风格还影响了文学、音乐、影视和服装等方面。在文学方面，哥特小说以其恐怖、神秘、浪漫的情节为特点，人物通常被描绘成情感复杂、特立独行的形象，他们表现出孤独、压抑等情感的同时也被赋予强烈的正义感和自我救赎的愿望，得到了众多读者的喜爱。在音乐方面，哥特音乐则以其深沉、神秘和独特的旋律为特点，成为一种独特的音乐流派。在服装方面，哥特风格的服装已经成为时尚界的一道独特的风景。这种风格的服装往往以黑色、深色和独特的剪裁为特点，给人一种神秘、高贵和浪漫的感觉。许多设计师都从哥特风格中汲取灵感，创作出各种独特、时尚的服装款式。

　　总之，哥特风格作为中世纪欧洲文化的重要组成部分，它不仅对建筑、文学和音乐等产生了深远的影响，还深刻地反映了当时社会的文化传统和审美观念。随着时间的推移，许多艺术家和设计师都从哥特风格中汲取灵感，将其独特的审美观念和文化内涵融入自己的作品中，呈现出更加多元化的哥特艺术设计作品。

（6）超现实主义风格　超现实主义风格起源于 20 世纪 20 年代的法国，是一种充满想象力、表现力和深刻寓意的艺术形式。超现实主义风格的设计提倡打破常规，追求非自然合理的存在，通过多种要素巧妙地组合，呈现出梦幻、幽默、前卫的视觉效果。波普艺术、欧普艺术都是超现实艺术风格的典范（如图 6-55）。设计要素包括：

① 款型。超现实主义风格服装设计主张以身体为基型，服装为媒介，采用打破常规、超越现实的奇特造型，如非对称、解构造型，体现出新奇、怪诞、富有联想性和游戏意味的视觉效果。

② 材质。使用各种不同的材质，如金属、塑胶、纸张等，甚至包括 3D 打印等各种技术的应用。通过这些材质的巧妙组合，创造出奇特的质感，增强设计的表现力。

③ 色彩。超现实主义风格的色彩设计艳丽、对比强烈，图案富有未来感和科技感，给人以强烈的视觉冲击。

图 6-55　超现实主义风格设计

学习竞技台

● 知识冲浪（30 分）

将正确的选项填在括号中，每小题 5 分，共计 30 分。

1. 服装艺术虚构设计法的应用特点有（　　　）。

A. 取材的丰富化　　　　　　　　　　　　B. 艺术的凝练化

C. 作品的原创化　　　　　　　　　　　　D. 手段的现代化

2. 下列对怀古设计法描述正确的是（　　　）。

A. 是一种参照历史上某一个时期的服装样式，根据现代服装特点与时尚潮流，重新筹划服装样式的创作方法

B. 所设计的服装具有浓重的怀古情调和风格，具有古为今用的现实意义

C. 根植于传统服饰文化，要求设计师充分领悟传统服饰文化中的内涵

D. 设计形式包括传承改良型和创新融合型

3. 少数民族服装的艺术特征包括（　　　）。

A. 色彩鲜明，对比强烈　　　　　　　　B. 款型单调，结构独特

C. 纹饰精美，内涵深厚　　　　　　　　D. 配饰统一，数量繁多

4. 中国著名设计师张肇达以京杭大运河为主题设计的服装系列属于（　　　）。

A. 非遗主题设计　　　　　　　　　　　B. 自然景观主题设计

C. 人文景观主题设计　　　　　　　　　D. 器物主题设计

5. 图片中的服装对非遗元素的应用形式属于（　　　）。

A. 非遗表演艺术应用

B. 非遗材质应用

C. 非遗手工艺应用

D. 非遗色彩应用

6. "设计作品体现出新奇、俏皮，甚至怪诞、富有联想性和强烈的游戏意味。设计不循规蹈矩，表现在夸张的图案、丰富的色彩所带来的梦幻、幽默、前卫的视觉效果"的艺术特征属于（　　　）。

A. 运动风格　　　　　　B. 简约风格

C. 奢华风格　　　　　　D. 超现实主义风格

● 技能演练（70 分）

按照下列要求，进行艺术虚构设计法的实训练习。

1. 分组要求

① 自行分组，每组人数为 3 ～ 4 人。

② 小组成员需明确分工，包括但不限于灵感搜集、款式图绘制、成品制作等任务。

2. 艺术虚构设计法的选择与应用

① 从仿生设计、复古设计、民族设计、主题设计、风格设计 5 种艺术虚构设计法中任选一种进行应用。

② 详细说明所选艺术虚构设计法在服装设计中的具体应用方式和设计思路。

3. 灵感来源说明

阐述设计灵感的来源，分析灵感如何转化为服装设计元素，如色彩、图案、材质等。

4. 搜集灵感图片

① 每组需搜集不少于 6 张与灵感来源相关的高质量图片。

② 对搜集的图片进行简要分析，说明其对设计的启发。

5. 绘制设计款式图

① 绘制方式不限，可以采用手绘、电脑绘图等。

② 款式图需清晰展示服装的整体造型、细节设计和色彩搭配。

③ 标注服装的尺寸、材质等信息。

6. 人台制作成品

① 根据设计稿在人台上制作服装成品。

② 注重服装的工艺和质量，确保成品与设计稿相符。

7. 汇报 PPT 内容要求

① 封面：包括课程名称、小组名称、小组成员等信息。

② 目录：清晰列出 PPT 的各个板块内容。

③ 灵感来源：展示灵感图片，详细说明灵感的产生过程和对设计的影响。

④ 艺术虚构设计法应用：介绍所选方法，展示其在设计中的具体应用实例。

⑤ 款式图展示：呈现绘制的设计款式图，分析设计特点和创新之处。

⑥ 制作过程：用图片和文字记录服装制作的过程，包括裁剪、缝制、装饰等环节。

⑦ 成品展示：展示人台上的服装成品，从不同角度拍摄照片，突出服装的整体效果和细节。

⑧ 总结与反思：总结本次作业的收获和体会，反思设计与制作过程中存在的问题及改进措施。

● 任务评价

《艺术虚构设计法的实训练习》技能演练项目评分表

团队成员：　　　　　　　　项目名称：　　　　　　　　最终得分：

一级评价指标	二级评价指标	评价观测点	得分
艺术虚构设计法应用（15分）	方法选择（3分）	从给定的5种艺术虚构设计法中正确选择一种，得3分；选错不得分	
	应用阐述（6分）	1. 详细且清晰地说明所选方法在服装设计中的应用方式和设计思路，逻辑严谨，有独特见解，得6分。 2. 应用方式说明较清晰但缺乏深度或创新，得3～5分。 3. 阐述模糊、简单，难以理解其应用思路，得1～2分。 4. 未进行有效说明，得0分	
	实例展示（6分）	1. 在设计款式图、成品制作中有明显且恰当的所选方法应用实例，能很好地体现该方法特色，得6分。 2. 有应用实例但不够突出或部分环节体现不足，得3～5分。 3. 实例牵强，未能有效体现艺术虚构设计法，得1～2分。 4. 无实例，得0分	
灵感来源（10分）	灵感阐述（5分）	1. 清晰准确地说明设计灵感来源，来源合理且有创意，得3分；灵感来源说明较清晰但普通，缺乏新意，得1～2分；来源不明或表述混乱，得0分。 2. 深入分析灵感如何转化为服装设计元素（色彩、图案、材质等），分析全面且有深度，得2分；分析较浅或有部分缺失，得1分；无分析，得0分	
	灵感图片（5分）	1. 搜集不少于6张与灵感来源相关的高质量图片，图片紧扣灵感主题，得3分；图片数量不足或质量一般，得1～2分；图片与灵感无关，得0分。 2. 对图片进行简要且合理的分析，说明其对设计的启发，分析准确到位，得2分；分析简单或不准确，得1分；无分析，得0分	
款式图绘制（10分）	绘图技巧（5分）	1. 手绘线条流畅、精准，色彩运用熟练，能细腻表现服装材质质感、光影效果等，整体画面精美，得5分。 2. 线条较流畅，色彩表现尚可，材质质感有一定体现，画面较整洁，得2～4分。 3. 绘图基础差，无法清晰准确呈现服装设计，得0～1分	
	设计表达清晰度（5分）	1. 效果图通过服装的款式细节、色彩搭配能清晰准确地展示艺术虚构设计法的应用，让人一目了然，得5分。 2. 基本能表达设计意图，但部分细节不够清晰或节奏韵律展示不够直观，得2～4分。 3. 设计表达模糊，无法通过效果图传达设计核心内容，得0～1分	

续表

一级 评价指标	二级 评价指标	评价观测点	得分
分组协作 （10分）	符合要求 （3分）	1. 小组人数在 3～4 人，符合要求得 1 分。 2. 成员分工明确且合理，有详细的任务分配记录（如分工文档），得 2 分；分工较明确但记录简略，得 1 分；分工混乱或无记录，得 0 分	
	团队协作 （7分）	1. 在整个实训过程中，小组成员沟通顺畅，配合默契，无明显矛盾冲突，得 3 分；有轻微协作问题但不影响进度，得 2 分；协作不畅，影响作业完成，得 1 分或 2 分。 2. 小组作业各部分呈现出整体性和连贯性，如汇报 PPT 内容衔接自然等，得 4 分；整体性一般，有部分脱节，得 2～3 分；各部分割裂明显，得 1 分或 0 分	
成品制作 （15分）	工艺质量 （10分）	1. 服装成品工艺精湛，裁剪精准，缝制细密，装饰精美，无明显瑕疵，得 8～10 分。 2. 工艺较好，有少量瑕疵但不影响整体效果，得 4～7 分。 3. 工艺一般，存在较多小问题，如线头多、拼接不平整等，得 2～3 分。 4. 工艺粗糙，有严重质量问题，得 0～1 分	
	与设计稿 相符度 （5分）	1. 成品与设计款式图高度相符，在造型、细节、色彩等方面保持一致，得 4～5 分。 2. 有小部分差异但不影响整体风格和效果，得 2～3 分。 3. 与设计稿差异较大，得 0～1 分	
PPT 汇报 （10分）	内容完整性 （5分）	PPT 包含封面、目录、灵感来源、艺术虚构设计法应用、款式图展示、制作过程、成品展示、总结与反思等板块，内容完整，得 5 分；缺少 1 个板块，得 1～2 分；缺少多个板块，得 0 分	
	展示效果 （5分）	PPT 页面布局合理、文字简洁明了，图片清晰美观，动画效果适当，整体展示效果好，得 4～5 分；展示效果一般，有部分不足，如文字过多、图片质量差等，得 1～3 分；展示效果差，影响汇报，得 0 分	

改进建议：

● 得分总评

知识冲浪分值：_____　　　技能演练分值：_____　　　评价人：_____

项目七
服装设计的路径——程序与表达

任务描述

为校企合作服装企业进行成衣设计开发；不断提升专业素养，积极参加世界职业院校技能大赛时装技术赛项，为毕业设计作品实施提前做好规划。

学习目标

知识目标
1. 了解成衣设计基础知识，掌握成衣设计基本要求与流程。
2. 掌握定制服装的设计理念与流程，对时尚流行和定制设计有独到见解。
3. 了解参赛服装设计的要求及程序，为优秀服装设计人才的脱颖而出创造条件。
4. 掌握系列服装设计的方法和程序。
5. 了解服装设计表达的不同方式特点及要求。

技能目标
1. 能够根据设计要求制定成衣设计与生产方案。
2. 能够根据定制服装设计要求，完成定制设计方案的制定。
3. 能够根据服装设计竞赛的要求，完成参赛服装款式的设计与开发。
4. 具备系列服装设计开发的能力。
5. 能够根据服装设计要求进行款式的绘制与表现。

素质目标
1. 树立以人为本的服装设计理念，坚持惟实励新、精进臻善。
2. 树立良好的竞争意识，能够正视自己的优势和不足，及时调整行动方向，不断超越自我。

课前思考

1. 在现代社会中成衣设计的重要性体现在哪些方面？
2. 你听说过世界职业院校技能大赛时装技术赛项吗？是否了解它的参赛内容与要求？
3. 数字化服装设计表达方式与手绘服装设计表达方式各有什么特点？

重点难点

1. 重点：成衣设计流程与生产方案的制定。
2. 难点：系列服装设计开发。

任务一 ▶ 成衣设计要求与实践

　　成衣是近代工业革命的产物，它的出现使服装生产方式发生了根本的变革，满足了人们日益增长的服装需求，推动了服装产业的飞速发展，成为服装产业的重要组成部分。随着当今社会科技的不断进步和消费的提质升级，其设计生产方式也在不断地创新和变化。中国作为世界上最大的服装生产国、出口国和消费国，成衣的设计与生产有着广阔的市场空间。

一、成衣的定义与分类

（一）定义

　　成衣是服装企业根据目标市场的需求，按照一定规格、号型标准进行批量生产的，满足消费者即买即穿的系列化服装产品。目前，在购物中心、商场、专卖店、服装连锁店出售的服装都是成衣。

成衣设计

（二）分类

① 按性别分：男装和女装。
② 按季节分：春夏款和秋冬款。
③ 按年龄分：童装、青少年装、中老年装。
④ 按品类分：内衣、西服、毛衫、裤装、婚纱、裘革等。
⑤ 按用途分：休闲成衣、运动成衣、商务成衣、家居成衣、礼服成衣等。
⑥ 按档次分：高级成衣、品牌成衣、普通成衣等。

二、成衣设计的要求

（一）标准化

　　成衣面对的服务对象是目标消费人群，而不是具体的穿衣人，为了生产出符合大多数人需求的服装，成衣在设计、生产过程中要基于国家号型标准，根据身高、胸围、腰围等各个部位的尺寸参数进行设计。

（二）批量化

　　成衣设计要能够适合流水线作业、大规模批量生产，才能保障降低生产成本，使更多人享受到时尚的服装。

（三）快速化

　　成衣的设计与生产要积极回应市场需求，紧跟时尚潮流，快速推出新款式，满足不同消费者的需求。

（四）实用化

　　成衣设计不仅要满足美观的需求，还要注重服装的实用性，综合不同的穿着需求、场合、季节等要素，设计出舒适、合体、耐穿、耐用的服装。

（五）组合化

成衣产品设计组合化是指由一家服装企业生产和销售的一系列具有关联性、互补性的服装产品。产品组合化设计满足了消费群体的不同需求和喜好，保证了企业持续的销售增长，获得更大的市场占有率。

（六）品牌化

成衣企业要通过独特的设计、选料、工艺等方面，展现其独特的风格，塑造独特的品牌形象，创建品牌化效应，从而吸引消费者的关注和认可，获取更高的市场份额，提升企业的市场地位。

三、成衣设计项目实践

成衣设计通常包括以下几个步骤（如图7-1）。

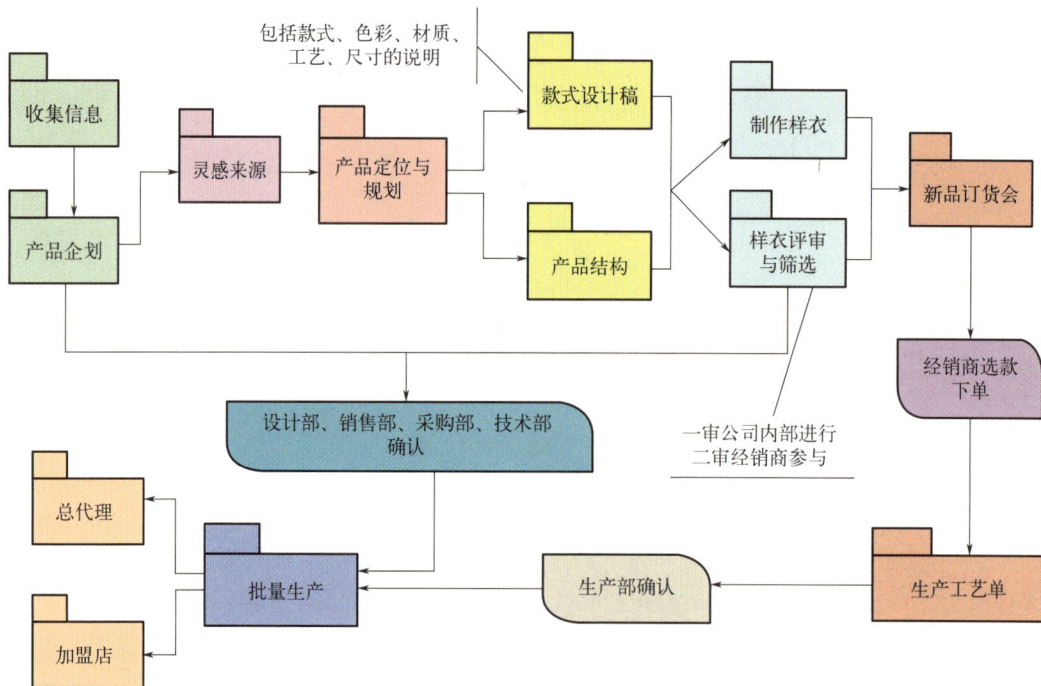

图7-1 成衣设计的程序

（一）收集新产品开发的相关信息

1.进行市场调研

（1）调研目的 了解当前市场消费趋势、目标消费群体的需求和竞争对手产品设计情况，为接下来的产品企划方案的制定打基础。

（2）调研内容

① 对市场同类产品开展调研（如表7-1）。

表7-1　同类产品调研

调研项目	调研内容	具体细节
开展同类风格或竞争对手的产品情况调研	款式	风格定位、套系数量、组合品类
	色彩	主色系、辅色、点缀色
	材质	服装面料品种、成分构成、外在观感、手感、服装辅料品种
	服饰	有无配饰、配饰形式
	工艺	版型结构、特殊工艺处理手法
	数量	货品数量、品种数量、色彩数量
	价格	产品分类价格带、典型产品价格、折扣价格
所属专卖店顾客情况调研（一定时段内）	人群	年龄结构、时尚程度、购买方式
	进店	停留人数、流动人数、翻看商品的人数
	询问	主动向营业员询问商品情况的人数
	试衣	试衣人数和试衣件数
	购买	实际购买人数和购买件数

② 对产品经销商、代理商开展调研。与产品的经销商和代理商进行沟通与交流是了解产品情况的重要途径之一。因为代理商掌握着产品的市场表现和客户反馈的一手资料，可为新产品的设计与开发、对原有产品的优化与升级提供重要的参考。调研内容可以从以下几个方面进行：

a. 产品有哪些特点和优势？

b. 产品与竞争对手的差异是什么？

c. 产品在市场上的表现如何？

d. 客户对产品款式、色彩、工艺、面料、定价等方面的反馈如何？

e. 代理商希望产品团队提供哪些支持或资源？

f. 代理商对于产品的未来发展有哪些建议或期望？

③ 对面料市场开展调研。面料作为服装产品的物质基础，新产品开发离不开对面料市场的调研与考察，面料市场调研内容包括以下几个方面：

a. 了解市场上的相关面料的种类、特性、优缺点。

b. 了解面料生产技术的创新和发展趋势，以及新技术对面料性能和生产成本的影响。

c. 调查面料供应商的实力、产品质量、交货期等，以确保供应链的稳定性和可靠性。

d. 调查面料的成本、价格及价格走势，包括原材料成本、劳动力成本、运输成本等。

2. 收集各类流行趋势信息

（1）流行色彩　未来一段时间内流行的色系以及不同颜色之间的搭配方式。

（2）流行材质　未来一段时间内流行的服装材质以及不同材质之间的组合和搭配。

（3）装饰图案　未来一段时间内流行的服饰图案，如几何图案、动物图案、花卉图案等。

（4）服装配饰　未来一段时间内流行的服装配饰，如鞋子、包、围巾、帽子等的造型风格特点，以及不同配饰之间的搭配。

（5）潮流风格　未来一段时间内流行的艺术设计风尚与形式，如街头文化、怀旧风格等，以及它们在服装设计中的应用。

（6）技术创新　关注服装行业的新技术、新工艺，如智能服装、数字化生产、3D 打印等，以及它们对服装产品开发的影响。

（二）制定产品企划方案

这是成衣设计程序中的核心部分。设计部根据市场调研结果制定出详尽的产品企划方案，表达设计理念，明确产品设计的方向，有效避免盲目开发和推广。产品企划方案通常以电子文档、PPT 演示文稿等图文并茂的形式呈现。包含以下主要部分。

1.产品概述

对产品进行简要的介绍，包括产品的名称、类型、目标市场、主要功能等。

2.市场分析

分析目标市场的现状、竞争情况、消费者需求等，以便为产品定位和营销策略提供依据。

3.灵感来源

是指设计新产品的灵感采集的来源，表现形式为图片加文字的"设计灵感版"，也称为"设计概念图"，由主题概念、款式概念、色彩概念和面料概念四部分组成。

（1）主题概念　参照潮流元素和热门话题，结合产品定位及特点，明确新产品设计的主题，以此为核心展开其他内容（如图 7-2）。

图 7-2　都市休闲品牌成衣开发主题概念图

（2）款式概念　是指围绕主题选择拟借鉴的数款产品组合而成的款式造型资料参考图，包括服装整体造型、局部造型和装饰细节（如图 7-3）。

图 7-3　款式概念图

（3）色彩概念　也称配色概念，是指按照系列或者产品大类，选择拟采用的色彩资料图片作为配色参考或依据，从中提取几组主要的色彩基调，并且标注主副色系及每个色系所占产品比例（如图 7-4）。

图 7-4　色彩概念图

（4）面料概念　按照系列或者产品大类，选取几组与产品风格相匹配的面料小样，可以辅助文字描述其质感、纹理、图案和颜色，当面料小样没有合适颜色时，可以辅助色卡进行说明（如图 7-5）。

天然棉麻混纺面料
由棉纤维和麻纤维按一定比例混合纺织而成的面料，兼具棉和麻的优点，表面有自然的纹理和轻微粗糙感，呈现质朴的"肌理感"。透气吸湿，适合四季穿着

图 7-5　面料概念图

师生互动

同学们，请分析在设计过程中做出设计灵感版对后续的设计起到什么作用。

4. 产品定位与规划

确定新产品的款式、风格、色彩、材质、图案、功能设计、产品组合结构、价格优势等，为产品下一步的生产提供指导。具体内容包括：

（1）绘制款式设计稿

① 平面款式图。平面款式图是指设计师以对称的正面、背面、侧面等几个方位静态表现服装款式的构成。平面款式图不需要画人体，只需清晰表现出款式的廓形及各部位的尺寸、比例、局部细节即可。平面款式图形式简洁明了，可采用手绘形式，也可以采用计算机设计软件如 CorelDRAW（图形设计软件）、AI 进行绘制。

款式图不仅方便设计师之间的交流、修改和定稿，而且为工艺师傅提供出纸样依据，因此须以严谨的态度按要求绘制（如图 7-6）。

② 着装效果图。着装效果图又称生产效果图，不像参赛效果图注重炫酷的表现技巧，设计者借助一个或几个常用的概括性人体动态表现服装款式，更直观地展现出人体着装效果。着装效果图的绘制中，在画出正面款式效果后，要同时画出款式后片的效果，通常后片以平面款式图的形式画出，其他工艺和细节表现与平面款式图绘制的具体要求相同（如图 7-7）。

（2）确定产品结构组合　按照季节开发设计不同的款式和风格，形成各种款式之间的搭配，满足不同消费者的需求。同时，保持各类款式开发数量的平衡，避免过于偏向某一种款式或风格。产品结构包括上下装种类及数量规划，上下装数量比值为 7∶4，设计数量与投放数量的比值为 1.5∶1（如表 7-2）。

正视图　　　　　背视图

图 7-6　平面款式图

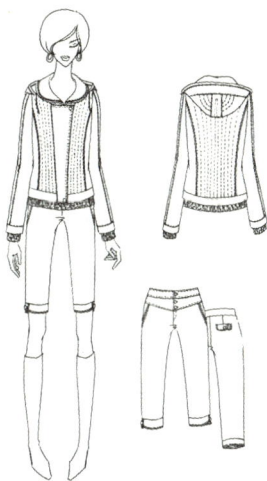

图 7-7　着装效果图

表 7-2　某品牌某年春秋季产品组合结构规划

品类	款式	设计数量 / 款	生产数量 / 款	合计 / 款
上衣	T 恤	20	15	36
	衬衣	10	6	
	卫衣	15	10	
	外套	8	5	
下装	裤子	17	11	20
	裙子	14	9	

（三）制作样衣

1.绘制设计版单

款式初稿确定后，设计师便开始绘制设计版单（也叫样板通知单或款式制作单）。它是指导打版与工艺制作的图片依据，是设计师与纸样师傅交流的媒介。清晰、明确的设计版单既有利于提高部门之间的协作效率，也体现了设计者本人的工作能力。它的绘制方法和格式因各公司要求的不同而有所差异，但是内容大同小异。

（1）设计版单的内容　设计版单的内容一般包括以下八个方面，也可以根据产品需要进行调整、增加或删减。

①服装企业的名称或设计师名称。

②设计主题或类别。

③款式名称与号型。

④面料与辅料小样或文字说明。

⑤平面款式图或着装效果图。

⑥关键部位的尺寸。

⑦款式的色彩图案要求或工艺说明。

⑧特殊说明备注（特种工艺、局部细节等）。

（2）设计版单的绘制　为了保证制作出的服装能充分体现设计者的意图，制单的过程要认真仔细，款式图绘制要清晰、明确，细节要特别标注或放大，特种工艺要说明，充分满足纸样师傅打版的需要及制作过程的工艺要求。（如图7-8、图7-9）。

版单号：	品名：落肩长款大衣	季节：秋冬	客户号：

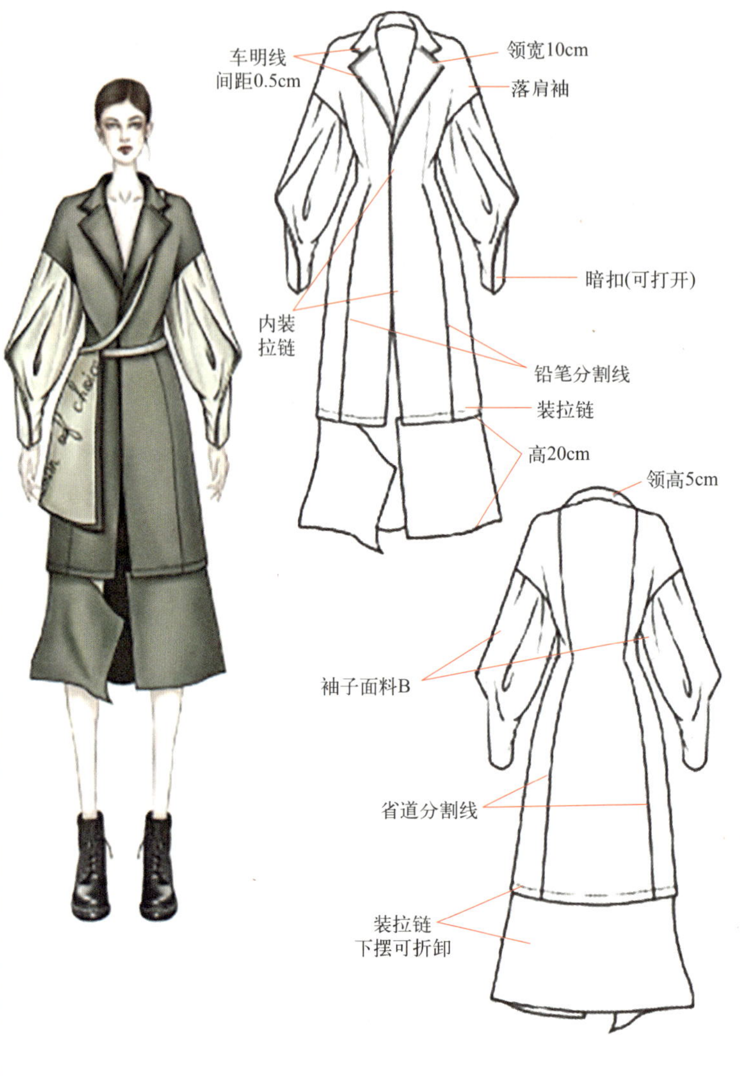

车明线
间距0.5cm
领宽10cm
落肩袖
暗扣(可打开)
内装
拉链
铅笔分割线
装拉链
高20cm
领高5cm
袖子面料B
省道分割线
装拉链
下摆可折卸

名称	成衣尺寸(全围)
后中长	110cm
肩宽	70cm
后背宽	
前胸宽	
胸围	102cm
摆围	130cm
袖长	45cm
袖臂	
袖口	42cm
腰围	85cm
领横	
前领深	
后领深	
幅长	
幅宽	

主面料：(打√)

有弹	无弹√	微弹	弹力大

版型：(打√)

A	O	H	X√

里布：(打√)

全里	半里√	捆条	无里

内里填充：

工艺说明：

1. 大衣做落肩袖
2. 袖口有暗扣可打开
3. 下摆装拉链，下摆高20cm，可拆卸

面辅料小样	A料	B料	C料〔里料〕	辅料
货号	大衣料	欧根纱		袖口四合扣×2 下摆拉链×1
供应				

幅宽：	建议调： y/m	幅宽：	建议调： y/m	幅宽：	建议调： y/m
面料价格：		面料价格：		面料价格：	

设计咨询：
调料电话：

审核：

图7-8 企业设计版单1

设计版单

发单日期：

款号：	24013	类别：	外套	设计：		纸样：		号型
版次：		波段：	春季	系列主题：		车版：		165/88A

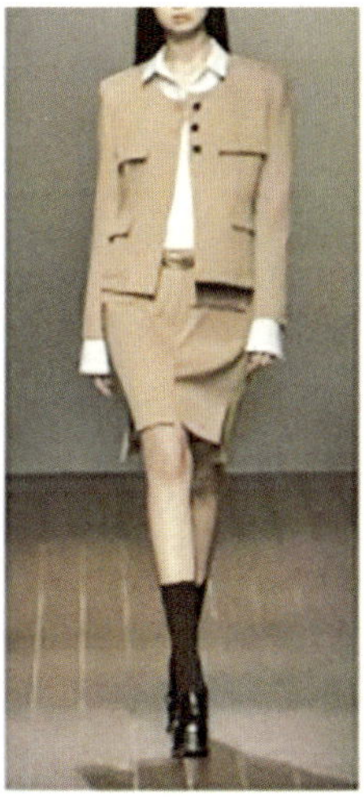

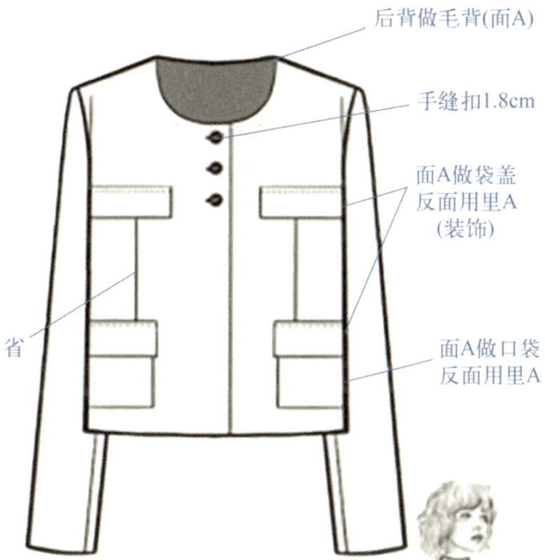

后背做毛背(面A)
手缝扣1.8cm
面A做袋盖
反面用里A
(装饰)
省
面A做口袋
反面用里A

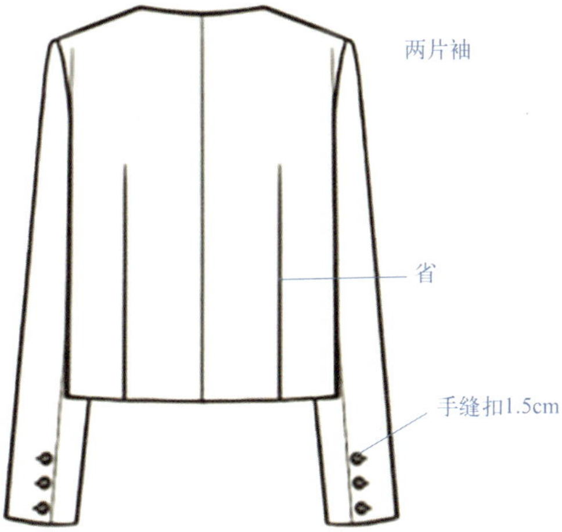

两片袖
省
手缝扣1.5cm

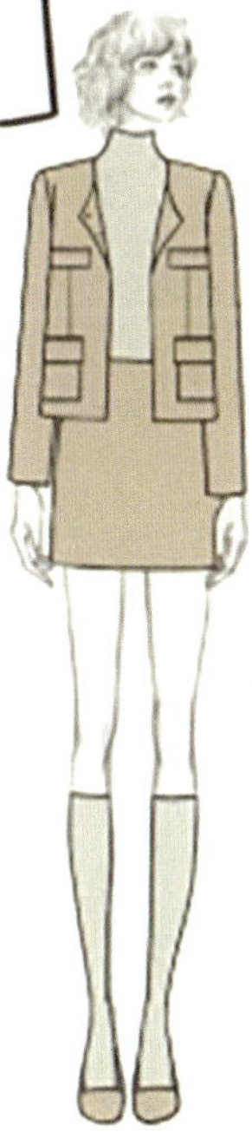

廓形：(打√)	
A/O/H/X/T/S（H √）	
工艺说明：两边口袋对称，高度一致	
上装尺寸	
前衣长：	
后中长：	58cm
后腰节：	
肩宽：	40cm
胸围：	104cm
腰围：	
臀围：	
下摆围：	
袖长：	60cm
袖窿：	
袖口宽：	
下装尺寸	
衣长：	
腰围：	
臀围：	
大腿围：	
前浪：	
后浪：	
脚口：	
辅料(名称、部位、尺寸)	
1. 手缝扣1	门襟1.8cm
2. 手缝扣2	袖口1.5cm
3.	
4.	
5.	
6.	
工艺(名称、部位)	
1. 打风眼	门襟、袖口
2.	
3.	
4.	
5.	
6.	

面A	面B	面C	里A	里B
名称：	名称：	名称：	名称：	名称：
成分：	成分：	成分：	成分：	成分：
弹力大/有弹/微弹/无弹（无弹 √）	弹力大/有弹/微弹/无弹	弹力大/有弹/微弹/无弹	弹力大/有弹/微弹/无弹（微弹 √）	弹力大/有弹/微弹/无弹
			全里/半里/捆条/无里（全里 √）	全里/半里/捆条/无里
			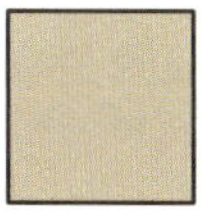	

图 7-9　企业设计版单 2

2. 样衣的制作

样衣师按照产品款式设计图经过打版、裁剪、缝制完成样衣的制作，不明白的地方随时与设计者沟通，以此保证设计作品的最终效果。针对一些特殊工艺，如图案、钉珠、绣花、洗水等，及时与相关厂家联系进行加工。总之，样衣制作需要精确的测量和细致的工艺，任何一个环节的失误都可能影响样衣的质量和穿着效果。

（四）样衣评审与筛选

样衣的评审和筛选是一个重要的环节，它涉及对设计、工艺和实际效果的全面评估。以下是样衣评审的步骤和要点。

1. 检查纸样

仔细检查纸样的形状、尺寸和放松量是否合适，确保版型与设计稿的要求相符。

2. 审查成衣

（1）整体感觉是否与本季产品风格相符。

（2）看功能设计是否到位，舒适度如何。

（3）看整体效果是否协调、美观、新颖。

（4）看局部与整体的比例是否恰当。

（5）看色彩搭配是否协调。

（6）看面料搭配是否体现款式的风格。

（7）看工艺制作是否到位。

（8）看廓形、松紧度、长度是否符合设计要求，线条是否顺畅。

（9）看细节、配饰、配件的效果、大小尺寸是否理想及与整体相协调。

3. 试穿效果

由模特试穿样衣，体验穿着效果，检查衣服的合适度和舒适度。通过试穿，可以更直观地发现衣服的问题，如不合身、面料不适等要进行修正。

4. 综合评估

与各个部门、经销商、客户进行沟通，了解他们的反馈和建议，尤其是客户的需求，综合各方面的意见决定是否进行成衣的制作或进行适当的调整。

5. 修正完善

需要修改的地方与工艺师傅沟通，提出改进意见，进行纸样的修正及相关配饰、配件、工艺的处理，重新制作样衣直至达到设计要求。

（五）新品订货会

新品订货会是一种企业内部活动，旨在促进销售和增加销售额。通过订货会，企业可以向经销商或合作伙伴展示自己的新产品和服务，与参会人员进行互动和交流，经销商对新品进行下单订购，为后续的批量生产打下良好的基础。

（六）完成生产工艺单

生产工艺单是生产过程中的重要档案（如图 7-10），用于记录生产计划、生产进度和生产结果等信息。完成生产工艺单需要遵循以下步骤：

1. 确认生产计划

根据客户需求、订单和生产能力等因素，制订详细的生产计划，包括产品规格、数量、交货时间等。

××××服饰有限公司
生产工艺单

品名：针织衫　　执行标准：FZ/T73020-2019　　交货日期：　接合同日期：

供应商编号	我司编号	零售价/元	44 160/80A	46 165/84A	48 170/88A	50 175/92A	52 180/96A	54 185/100A	56 190/104A	58 190/108A	合计	款式	主唛	版型
688(白色)	12	888.00	10	10	10	10	10	10	10	10	80	圆领	75	修身版
688(灰色)	54	888.00	10	10	10	10	10	10	10	10	80	圆领	75	修身版
小计			20	20	20	20	20	20	20	20	160			

我司提供以下辅料：

名称	型号	数量
主唛44	54	2
主唛46	575	22
主唛48	85	34
主唛50	5	33
主唛52	42	27
主唛54	874	19
主唛56	6565	3
洗水唛		150
橙色吊粒		150
吊牌	小	150
修身牌	橙色	150
防伪牌	小	150
防伪贴纸		150
胶套		150
合格证	小	150
T恤胶袋		150
圆领纸板		150

大货图片及布片：01　11

★★修改说明：
1. 所有工艺跟原样。
2. 领边压线0.3cm。

★修改说明：
1. 所有工艺及尺寸及尺寸我司审核后的资料生产大货。

◆工艺要求：
1. 所有工艺及尺寸我司审核后的资料生产大货。
2. 要求每款每色用我司确认的尺寸做50码产前样一件，产前样必须上我司确认大货。
3. 绣花款要求绣花车位置适合我司尺寸，绣花要精致，平服，整齐(前胸绣花底要求加烫布朴)。
4. 主唛居中车后领两边车左边12cm(穿起计)。洗水唛车左边12cm(穿起计)。
5. 所有烫钻或印花要求车固，干净。所有印花位置要求放油光拷贝纸包装。
6. 所有面线不可有重线，接线，脱线及不顺直现象，不接受衣服的任何修补痕迹。
7. 所有的下摆及袖口，止口要求饱满，均匀，整齐。起针跟回针线统一在后幅。
8. 两边侧骨统一，往后摆幅，同条款要求前后幅，口袋与袖对条统一在后幅。
9. 查货要求：线头杂物要干净，无布桩，格子，污渍，整烫要平服，无泛黄，水渍，反光等现象。

◆包装要求及辅件：
1. 吊牌穿法按我司吊样办(没有吊牌的成衣一定不能出货)。
2. 吊牌挂法：反领挂于第二粒扣眼内，圆领和V领扣于主唛。
3. 洗水唛和合格证资料确认一致后方可包装。
4. 单色单码12件人一小纸箱，4小箱人一大箱，尾箱可混装。
5. 每件衣服加油光拷贝纸，纸板，防潮珠人一胶袋(所有印花位置要求放油光拷贝纸包装)。
6. 每箱面写上我司款号，码数及数量，要求写上厂家全称

备注：出货前需传真装箱单及总单给我司。

制单：××××　　　　　　日期：

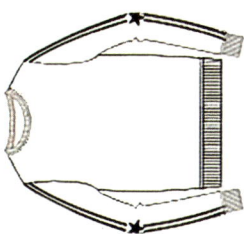

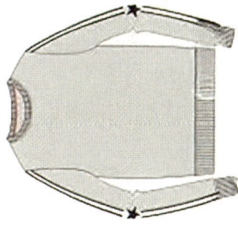

图7-10　生产工艺单

2. 制定生产流程

根据产品特点和生产要求，制定合理的生产流程，明确各个工序的责任人、操作要求和所需物料等。

3. 确认物料清单

根据生产计划和流程，列出所需的物料清单，包括原材料、零部件、辅料等，并确认库存情况。

4. 安排生产进度

根据生产计划和流程，制定合理的生产进度表，明确各道工序的完成时间和顺序，确保生产顺利进行。

5. 跟踪生产进度

在生产过程中，及时跟踪各道工序的完成情况，记录实际完成时间和质量等信息，与计划进行比对并及时调整。

师生互动

同学们，请分析"设计版单"和"生产工艺单"在制作上有哪些不同的要求？它们各自的作用是什么？

（七）进入批量生产

在完成生产工艺单后，生产流程进入批量生产阶段。在这个阶段，根据生产计划和制单要求，开始进行大批量的生产活动。在批量生产过程中，需要对原材料、设备、工艺和人员进行全面控制和管理，以确保生产的稳定性和效率。同时，也需要密切关注生产过程中的质量和安全问题，及时发现和解决问题，确保生产出的产品符合要求和标准。在生产完成后，对成品进行质量检验，确保符合要求。根据客户要求进行包装，并附上必要的标识和说明。

（八）产品交付代理商、加盟店，进入市场销售环节

产品交付代理商和加盟店是进入市场销售环节的重要步骤，企业需要与代理商和加盟店保持良好的沟通和合作关系，制定合理的价格策略和市场策略，以确保产品的竞争力和盈利能力。

至此，成衣设计阶段基本完成，设计者应继续与销售部门进行沟通，了解销售量；或进入市场，了解成衣畅销或滞销的原因，为今后的设计积累实践经验，使自己成为一名与市场接轨的实战设计师，为企业获取利润，实现自我价值。

学习竞技台

● 知识冲浪（30分）

一、将正确的选项填在括号里，每小题4分，共计20分。

1. 成衣设计的要求是（　　）。

A. 批量化　　　　B. 标准化　　　　C. 商品化　　　　D. 娱乐化

2. 成衣的号型标准指的是人体的（　　）。

A. 身高　　　　B. 净胸围　　　　C. 净腰围　　　　D. 净臀围

3. 成衣设计前的市场调研包括（　　）。

A. 对市场同类产品开展调研

B. 对产品经销商、代理商开展调研

C. 对面料市场开展调研

D. 对产品消费者进行调研

4. "设计灵感版"也称为"设计概念图"，主要内容包括（　　）。

A. 主题概念　　　　　　B. 款式概念　　　　　　　　C. 色彩概念　　　　　　　　D. 面料概念

5. 成衣款式设计稿的表现形式有（　　）。

A. 平面款式图　　　　　B. 时装画　　　　　　　　　C. 生产效果图　　　　　　　D. 服装结构图

二、请简述成衣开发的工作流程。（**10 分**）

● 技能演练（70分）

选定一个国内成衣品牌，了解品牌文化并分析其产品风格，按照成衣的开发流程收集新产品开发的相关信息，为此品牌进行三款春夏成衣产品开发，并设计完成款式版单。

款式版单		
品牌名称：		设计师：
服装品类：		制单时间：
款式图（正视图、背视图）：		面料选用
		名称：
		名称：
		辅料选用
		● 名称： 数量： ● 名称： 数量： ● 名称： 数量：

续表

参考尺寸 /cm（号型女装 160/84，男装 170/88）													特殊工艺说明：
衣长	肩宽	领宽	胸围	腰围	袖长	袖口	裤长	上裆	膝围	脚口	裙长	臀围	裙摆	

● 任务评价

《品牌成衣产品开发设计》技能演练项目评分表

设计者：　　　　　　　　　设计品牌：　　　　　　　　　最终得分：

一级评价指标	二级评价指标	评价观测点	得分
品牌文化理解与产品风格分析（10 分）	品牌文化解读（4 分）	1. 准确且深入地阐述选定品牌的文化内涵、核心价值观和品牌定位，得 3～4 分。若对品牌文化理解有偏差或仅表面提及，得 1～2 分。 2. 能清晰说明品牌文化如何体现在其现有产品系列中的，加 1 分	
	产品风格剖析（6 分）	1. 全面分析品牌的春夏产品风格，包括但不限于色彩特点、款式特征、面料偏好、图案元素等，每一方面分析准确且有深度，得 4～6 分。若分析缺项或较为肤浅，得 1～3 分。 2. 能总结出品牌产品风格的独特之处与趋势走向，加 1 分	
成衣设计方法运用与款式新颖性（20 分）	设计方法应用（10 分）	1. 清晰阐述每款产品的设计方法以及对应的目标顾客，得 8～10 分。若设计方法运用单一或不恰当，得 1～7 分。 2. 能将不同设计方法巧妙融合，形成独特设计语言，加 1 分	
	款式新颖合理性（10 分）	1. 三款成衣款式设计均符合春夏季节特点与品牌风格定位，且在廓形、细节、搭配等方面有创新之处，能吸引目标受众，得 8～10 分。若款式设计平淡无奇或与品牌风格脱节，得 1～7 分。 2. 创新设计元素具有较强的市场前瞻性与可行性，加 1 分	
款式版单内容完整性（30 分）	款式图绘制（10 分）	款式正视图与背视图绘制规范、比例准确、线条清晰、细节完整，能清晰展示服装款式全貌，得 8～10 分。若视图绘制有明显错误或细节缺失，每款扣 1 分	
	标准尺寸标注（6 分）	准确标注每款服装的关键尺寸（如衣长、胸围、肩宽、腰围、臀围、袖长等），且尺寸符合人体工程学与品牌尺码标准，得 4～6 分。若尺寸标注错误或不完整，每款扣 1 分	
	面辅料小样粘贴（8 分）	正确选择并粘贴与设计款式相匹配的面辅料小样，包括面料材质、颜色、纹理以及辅料种类（如纽扣、拉链、花边等），得 6～8 分。若面辅料选择不当或未粘贴，每款扣 1 分	
	特殊工艺说明（6 分）	对服装制作过程中的特殊工艺（如刺绣、印花、褶皱处理、拼接工艺等）进行详细且准确的文字说明，包括工艺步骤、效果呈现等，每款得 4～6 分。若特殊工艺说明缺失或含糊不清，每款扣 1 分	

续表

一级评价指标	二级评价指标	评价观测点	得分
整体项目呈现（10分）	文档整理（4分）	整个设计项目文档排版整齐、条理清晰、目录完整，便于查阅与审核，得3～4分。若文档排版混乱、内容组织无序，得1～2分	
	设计说明（6分）	撰写详细的设计说明，包括设计灵感来源、设计目标、目标客户群体、市场定位以及设计过程中的思考与调整等内容，逻辑连贯、内容充实，得5～6分。若设计说明简略、逻辑不清晰或内容缺失，得1～4分	

改进建议：

● 得分总评

知识冲浪分值：_____　　技能演练分值：_____　　评价人：_____

任务二　定制服装设计要求与实践

服装定制设计为顾客提供独一无二的个性化体验，不仅满足了顾客对美的追求，还体现出个人身份和审美品位。此外，服装定制避免了批量生产中可能出现的产量过剩和不合身问题，从而更加环保和可持续。

一、定制服装的定义与分类

（一）定义

定制服装是设计师根据穿着个人或特定群体情况，通过度身设计、量体裁衣、单件制作形成的具有个性化、创意化、超前化的服装。

（二）分类

1.高级时装定制

"高级时装定制"简称"高定"，法语译名 haute couture，haute 代表顶级，couture 指的是缝制、刺绣等手工艺。1858 年，高级定制服装由巴黎著名的设计师查尔斯·沃斯（Charles Frederick Worth）创立（如图 7-11）。

高级时装定制的精髓来自独有的设计、精确的剪裁和精细的手工艺，一件衣服耗费的工时平均为一个月，它代表了时尚的最高境界，对未来时尚走向有着重要的启示作用。能够开展"高级时装定制"的设计师（couturier）及其时装店（maison）必须经过法国巴黎时装协会的会员资格认证，享有"高级时装设计师"的头衔，其时装作品才能使用"高级时装"的称号，并且受到法律的保护。"高级时装定制"品牌需每年参加法国高级时装协会举办的两次时装发布会；每次发布作品不少于 75 套，其中包括日装和晚礼服（如图 7-12）；每年至少对专属顾客做 45 次不公开的新装展示。

图 7-11　沃斯和他的高级定制礼服

图 7-12　高级定制礼服发布会

2. 私人服装定制

私人服装定制是一种根据个人的特定需求、喜好和身材特点，为其量身打造的融时尚、质量与个性为一体的高端定制化服装服务。

目前市场中常见私人服装定制有西服定制、礼服定制等（如图 7-13、图 7-14）。随着生活水平进一步提升，私人服装定制以其独特的设计、精确的量体、考究的工艺和个性化的服务，赢得了一批注重生活质量和产品特色，并具备一定经济实力的消费者的青睐，需求量在稳步提高。

图 7-13　西服定制

图 7-14　旗袍礼服定制

3. 团体服装定制

团体服装是指由多个成员组成的团体或组织结合团队文化、工作需求所定制穿着的统一服装。如校服、企业工装、酒店制服、社团服装等（如图 7-15、图 7-16）。

图 7-15　校服定制

图 7-16　酒店制服定制

团体服装定制具有统一性、标识性、实用性和多样性的特点，能够反映团队精神面貌，塑造团队形象，展现团队文化，提升团队凝聚力。当下越来越多的团队把团体服装作为推动团队建设的重要组成部分，团体定制服装产品需求量在稳步增长。

二、定制服装设计的要求

（一）高度合体化

定制服装的核心优势就是能够实现高度合身。设计师通过对客户身体尺寸的精确测量，采集胸围、腰围、臀围、肩宽、袖长等各个关键部位的数据，确保服装与身体的各部位精准契合，既不会过紧限制活动，也不会过松显得拖沓。

（二）产品个性化

满足客户的个性化需求是定制服装的重要使命。设计师通过与客户充分沟通，了解其喜好、风格、职业、穿着场合等因素，根据客户的个性特点进行设计，从面料的选择、颜色的搭配到款式的设计都要体现出独特性。

（三）质量高端化

定制服装通常价格较高，客户对服装质量的期望也相应较高。因此，设计师需要选择高质量的面料和辅料，确保服装的耐用性和舒适性。在制作过程中，通过精细的缝线、牢固的纽扣装订、平整的接缝等工艺细节，让客户在穿着时感受到舒适和自信，经得起时间的考验。

（四）功能完备化

定制服装还应根据客户的具体需求具备相应的功能性。例如，为户外运动爱好者设计的服装要具有防水、透气、耐磨等性能；为商务人士设计的服装则要方便携带手机等物品，可能需要设计合理的口袋布局。同时，考虑到不同季节的穿着需求，以确保在不同环境下都能发挥良好的作用。

三、私人定制服装项目实践

（一）提前预约

根据个人登记信息与客户取得联系，大致了解其设计需求和服装的使用时间，安排顾客到店时间，并提前联系量体师到场。

礼服设计实践

（二）制定方案

顾客来店与设计师进行面对面的沟通，陈述自己的设计要求与喜好，设计师推荐一些合适的款式与面料供其参考，共同制定最合理的服装定制方案，包括款式风格、配饰细节等。

（三）选定材质

根据客户的预算和服装款式特点，为其推荐合适的面辅料。

（四）精确量体

精确量体是个人定制的关键环节，量体师采用专门的定制号衣来套号并附加人工测量，根据客户的体形、个人舒适度来调整长度、肥瘦，达到各部位尺寸的精确、精细、精准。

（五）签订合同

款式确定后，完成工艺单制作，在工艺单上需标注客户的款式需求、面辅料、尺寸、工艺要求等，让客户签字确认，客户预付定金。

（六）制作样衣

工艺师根据设计稿以及客户的体形信息开始制作样衣，可以采用替代布料制作，也可以用实际面料进行假缝，以方便后期的修改。

（七）试样修整

样衣出来后，邀约顾客进行试衣。设计师、工艺师根据顾客穿着衣服的效果确定需要修整的部位并展开修整。

（八）试衣交货

顾客进行最后的试衣并检验服装细节，如果没有问题可以直接交货，存在问题还可以进一步修改。

（九）增值服务

提供半年内发生身材变化可以免费进行修改的服务，或免费干洗、修补和熨烫服务。

艺海拾贝： 春晚定制礼服的诞生

每年春晚的舞台上，一件魅力四射的定制礼服对主持人来讲是必不可少的。"枝上杏花开"礼服便是其中之一（如图7-17）。

定制礼服的设计灵感源自凡·高同名油画《枝上杏花开》（如图7-18），它是凡·高送给刚出生的侄子小文森特的受洗礼物，油画的主色调是蓝色，画面通过"青蓝色背景天空"和"数枝开满白色杏花枝蔓"的刻画，展示出蓬勃向上之感，散发出盎然新生气息，让人仿佛能听见花开的声音，嗅到迷人的芬芳。

图 7-17　主持人定制礼服

图 7-18　凡·高《枝上杏花开》

　　这幅名画是如何化身为一件灵动的礼服呢？首先，是方案设计。设计师根据主持人的需求，对效果图进行多次修改。例如在面料色彩选择中，设计师在 20 款色卡颜色中经过定染和层层挑选，并且结合主持人的肤色、舞台效果、灯光音乐等元素，确定最终的色彩方案，让凡·高画作中神秘而温婉的蓝色神韵绽放在主持人的身上（如图 7-19）。

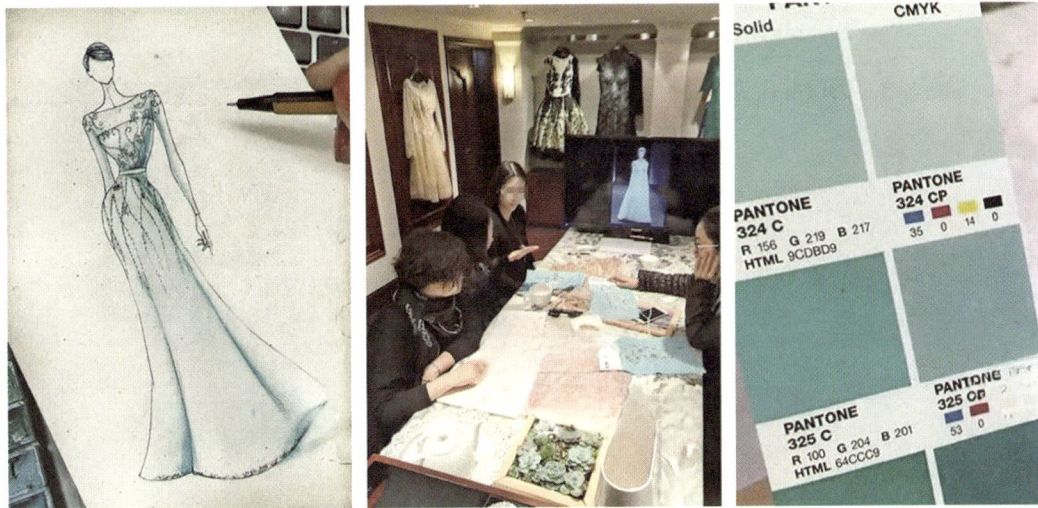

图 7-19　礼服设计过程

　　其次，是样衣制作。为了能最大程度还原出设计图的效果，需要多位工艺师共同合作。经过制版师制版、样衣师剪裁、设计师立裁等方式制作初步坯样后，设计师再根据面料特性进行数次调整，最终完美呈现设计效果。珠绣设计是整件礼服的点睛之笔，珠绣图案来源于画作，设计师根据画作风格，结合中国传统纹样构成方法设计出新的花稿纹样后，将网纱置于绣花架上，用中国传统的刺绣钉珠工艺珠绣制作（如图 7-20），让礼服展现出与画作中如出一辙的生命力。

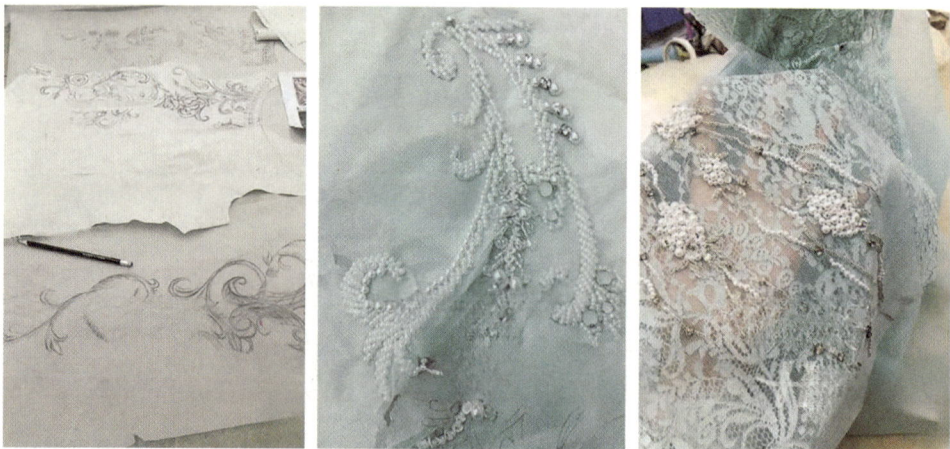

图 7-20　礼服制作过程

　　最后，缝制完成。至此，这件"枝上杏花开"礼服制作完毕（如图 7-21）。追求细节，强调做工，加之一对一的专属创意和每一个制作环节中的反复调整，使这件以蓝绿色为主调的礼服在众多大红大绿的传统礼服中显得典雅而出挑，在春晚舞台上绽放出耀眼光芒。

图 7-21　礼服最终效果

四、团队服装定制项目实践

（一）开展前期调研

1. 了解团队需求

　　设计师首先对团队性质、发展历程、团队文化、现有标识、人员组成等方面进行深入了解，考虑团队成员的工作环境和活动场景，确定服装是否需要适应特定的气候条件、工作场所要求或活动类型。

清园制服款
式设计

2.收集团队成员意见

可以通过问卷调查、小组讨论或个别访谈的方式，了解他们对服装款式、颜色、材质等方面的喜好与期望。

3.开展市场趋势研究

关注当前的时尚潮流，了解流行的颜色、图案、款式和面料，以便在设计中融入一些时尚元素，使团队服装更具吸引力。还可以通过研究竞争对手或类似团队的服装，分析他们的设计特点、优势和不足之处，从中获取灵感并避免重复。

清园制服材
质设计

（二）确定设计方案

在设计师确认了团队服装定制需求之后，制定服装设计方案，与团队达成服装款式、面料、工艺及价格上的共识。

（三）挑选面辅料

设计师根据客户的需求提供多种面料小样供客户选择，综合考虑舒适性、透气性、耐用性、易护理性等因素，选择适合团队需求的面料，提出最佳面料选择方案推荐给客户。

（四）统计号型

服装定制公司依据号型尺码对照表对团队中每个成员进行号型统计。也可以由服装定制公司派量体师进行逐一量体并进行姓名、号型记录，需要注意特殊体形员工的测量，例如驼背体、挺胸体、凸肚体、溜肩体（斜肩）、高低肩等。

（五）签订合同

在合同上列出定制服装款式、面料、色彩、号型、数量、单价、金额等，让客户签字确认。同时要备注交货时间、质量保证及违约赔付方式等。

（六）制作样衣

合同签订后，按照设计方案针对不同岗位，制作一套完整的样衣并由客户试穿确认。样衣确认后将作为成衣验收标准。

（七）批量生产

按照团队服装中的不同号型进行成衣生产，缝制是生产中控制成品质量的中心工序，一般由机器生产和人工缝制两种方式互相配合，在生产时一定要注意把控服装制作的细节。

（八）送货验收

客户确认按时按质完成服装生产任务后，服装定制公司方可进行成衣的包装。每套成衣标注姓名，独立包装，按客户部门、科室分箱，由服装定制公司运送到指定地点；服装定制公司有义务协助客户进行服装的发放，确保服装发到每个员工手里。

（九）增值服务

如有服装号型不合适的客户，服装定制公司要负责号型的调换，以及服装的售后服务，例如服装的修补、熨烫等。

学习竞技台

● 知识冲浪（30分）

将正确的选项填在括号里，每题 6 分，共计 30 分。

1.定制服装的特征是（　　　）。

A. 个性化　　　　　B. 平庸化　　　　　C. 创意化　　　　　D. 超前化

2. 定制服装的分类包括（　　　）。

A. 群体定制　　　　B. 高级定制　　　　C. 私人定制　　　　D. 个体定制

3. "高定之父"指的是（　　　）。

A. 迪奥　　　　　　B. 香奈儿　　　　　C. 沃斯　　　　　　D. 高田贤三

4. 私人定制满足客户的需求特点是（　　　）。

A. 合体　　　　　　B. 美体　　　　　　C. 得体　　　　　　D. 优雅

5. 高定服装和私人定制服装的区别是（　　　）。

A. 制作工艺　　　　B. 销售管道　　　　C. 服务对象　　　　D. 使用场合

● 技能演练（70分）

以"中国红""中国传统图案"为设计元素，按定制服装的程序为"龙年春晚"设计一套主持人礼服，以手绘或计算机效果图的形式展现。完成要求如下。

1. 撰写设计主题说明

阐述以"中国红"和"中国传统图案"为核心元素设计龙年春晚主持人礼服的灵感来源，如何体现出中国文化的内涵与魅力，字数不少于500字。

2. 效果图绘制

绘制礼服的正面、背面以及侧面效果图，需完整呈现礼服的整体造型、结构、细节设计以及色彩搭配。手绘效果图需使用专业绘画工具绘制在8开纸张上。

3. 面料选择与说明

根据礼服的设计风格、穿着场合和设计元素，选择合适的面料材质，并对面料的特性进行详细描述。提供所选面料的小样或通过高清图片展示面料的真实纹理和色彩，附在作业中以便更直观地感受面料与设计的关联性。

4. 展示定制设计程序

以流程图或文字描述的形式展示定制这套龙年春晚主持人礼服的完整程序，并对每个环节的关键要点和注意事项进行简要说明。

● 任务评价

《"龙年春晚"主持人礼服定制设计》技能演练项目评分表

设计者：	作品名称：	最终得分：
评价指标	评价内容	得分
设计主题与文化内涵（10分）	1. 主题明确且紧密围绕"龙年春晚"，巧妙融合"中国红"与"中国传统图案"，深刻体现中国文化底蕴与龙年特色，对文化内涵的诠释深入且独到。（8～10分） 2. 主题较为清晰，元素运用基本合理，能体现一定文化内涵，但深度与创新性不足。（4～7分） 3. 主题模糊，文化元素运用生硬或偏离要求，缺乏对文化内涵的有效表达。（0～3分）	
效果图绘制（20分）	手绘效果图： 1. 线条流畅、精准，造型优美且比例精准，服装细节如褶皱、装饰等表现细腻逼真，色彩搭配协调且中国红及中国传统图案呈现精美，具有强烈的艺术感染力与视觉冲击力。（16～20分） 2. 线条较清晰，造型与比例尚可，细节有一定体现，色彩与图案表现有一定效果但不够完美。（10～15分） 3. 线条粗糙，造型比例失调，细节缺失或表现模糊，色彩与图案运用不佳。（0～9分）	

续表

评价指标	评价内容	得分
效果图 绘制 （20分）	电脑绘制效果图： 1. 图像清晰、分辨率高，服装造型立体感强，材质质感通过软件工具逼真模拟，色彩还原度高且中国红与中国传统图案的设计元素在软件中运用娴熟，整体效果精致且富有创意。（16～20分） 2. 图像质量较好，造型与细节有一定呈现，色彩与图案表现尚可，软件运用有一定熟练度但存在不足。（10～15分） 3. 图像模糊或有明显瑕疵，造型与细节处理差，色彩与图案效果差，软件运用生疏。（0～9分）	
中国红与 中国传统 图案运用 （20分）	中国红元素： 1. 颜色选择纯正且在礼服中应用部位巧妙，与其他色彩搭配形成鲜明且和谐的视觉效果，能根据服装结构与风格进行富有层次的色彩变化。（8～10分） 2. 中国红应用较合理，色彩搭配无明显冲突，但缺乏层次感与独特性。（4～7分） 3. 颜色偏差大或应用不当，色彩组合混乱。（0～3分） 中国传统图案元素： 1. 多种传统图案精准选用，与龙年春晚主题高度契合，图案变形创新巧妙，在礼服上分布合理且通过精湛工艺（如刺绣、印染等）完美呈现，展现出传统与现代设计的高度融合。（8～10分） 2. 有传统图案运用，有一定创新与工艺表现，但在图案选择、分布或工艺上存在不足。（4～7分） 3. 图案运用随意，缺乏创新与工艺美感，与主题关联不大。（0～3分）	
面料选择 与说明 （10分）	1. 面料材质与礼服设计风格、龙年春晚舞台氛围及穿着需求完美匹配，对面料特性（如光泽、质感、垂坠性等）描述精准详细，能清晰阐述选择理由并与设计整体效果紧密呼应，提供高质量面料小样或清晰图片展示。（8～10分） 2. 面料选择基本合适，特性描述有一定准确性，理由较合理，图片或小样有一定参考价值。（4～7分） 3. 面料选择不当，特性描述模糊或错误，未提供有效说明与展示。（0～3分）	
定制服装程 序展示 （10分）	1. 完整准确地呈现定制服装的全流程，包括客户需求调研、设计规划、版型制作、裁剪缝制、试衣修改到成品检验等环节，对每个环节的关键要点与注意事项阐述清晰且具有实际指导意义。（8～10分） 2. 流程有一定完整性，环节描述较简单或部分要点缺失。（4～7分） 3. 流程混乱，关键环节严重缺失，阐述不清。（0～3分）	

改进建议：

● **得分总评**

知识冲浪分值：_____　　　技能演练分值：_____　　　评价人：_____

任务三 ▶ 参赛服装设计要求与实践

一、服装设计大赛的定义与分类

（一）服装设计大赛的定义

1. 定义

服装设计大赛是通过设定明确的参赛主题和要求，面向院校学生、服装从业人员、服装设计爱好者等群体设置的一种展示服装设计才华、挖掘和培养人才梯队、寻求研发灵感和合作商机的竞技性项目。

2. 意义

（1）挖掘设计新秀　服装设计大赛最具价值的作用，也是最基本的目的，就是挖掘设计新秀，为中国乃至世界服装设计人才队伍补充新鲜血液。

（2）探讨设计新空间　服装设计的研发创新空间在交流中才会有长足的拓展，服装设计大赛为这种交流提供了绝佳平台。通过服装设计大赛，设计的新理念、新技术、新要素、新手段得到应用和展示，参赛选手获得更多的设计启发，服装设计水平得到整体的提高。

（3）引导市场发展　服装设计大赛的优秀作品往往会对服装市场产生一定的影响，不少作品有着新颖的创作视角，代表着先进的设计水平，可以直接拿到生产线上进行批量生产，对企业技术人员具有启发价值，对市场起到良性的引导作用。

（二）服装设计大赛的分类

1. 社会类服装设计大赛

社会类服装设计大赛是服装企业挖掘优秀服装设计师、推动纺织服装行业创新发展的重要途径，目前国内外的设计大赛项目众多，其层次、组织、定位、标准等发展得越来越完善（如表 7-3）。

（1）主办单位　知名企业、各地区服装协会、地市政府等。

（2）大赛内容

① 按服装功能分：运动服装设计、休闲服装设计、内衣设计、沙滩装设计、泳装设计、民族服装设计、婚礼服设计、校服设计等。

② 按照服装材料分：针织服装设计、皮草服装设计、牛仔服装设计等。

③ 按照年龄分：童装设计、青少年装设计、中老年装设计等。

④ 按照服装设计形式分：创意类服装设计、实用类服装设计。

表 7-3　国内部分服装设计大赛明细表（部分）

赛事名称	主办单位	竞赛品类	设计形式
"常熟杯"潮流服饰组合设计大赛	常熟服装城集团有限公司、上海时尚产业发展中心	男/女/童装	实用类
魅力东方·中国国际内衣创意设计大赛	深圳市内衣行业协会（SUA）	内衣	创意类、实用类
魅力东方·中国国际居家衣饰原创设计大赛	深圳市内衣行业协会（SUA）	居家	创意类、实用类

续表

赛事名称	主办单位	竞赛品类	设计形式
"大浪杯"中国女装设计大赛	中国服装协会	女装	创意类、实用类
中国（虎门）国际童装网上设计大赛	东莞市虎门服装服饰行业协会、虎门服装技术创新中心	童装	实用类
"虎门杯"国际青年设计（女装）大赛	中国纺织信息中心、中国国际贸易促进委员会纺织行业分会、中国服装协会等	女装	创意类、实用类
中华杯·童装设计大奖赛	上海时尚产业发展中心、巴拉巴拉	童装	实用类
"汉帛奖"第31届中国国际青年设计师时装作品大赛	中国服装设计师协会	男/女装	创意类
"大连杯"国际青年服装设计大赛	中国服装设计师协会、大连市人民政府	男/女装	创意类
"濮院杯"PH Value中国针织设计师大赛	中国针织工业协会、中国国际贸易促进委员会纺织行业分会、中国服装设计师协会等	男/女装针织时装	实用类

2.世界技能大赛

世界技能大赛（以下简称世赛）是目前全球地位最高、规模最大、范围最广、影响力最大的职业技能竞技赛事，被誉为"技能界的奥林匹克"，代表着世界上最顶尖的技能水平。时装技术（世赛）项目竞赛是个人赛，企业人员、在校师生、服装设计爱好者等均可参与，国赛参赛选手当年年龄不得超过22周岁，省赛选拔赛参赛选手需在20周岁以内。时装技术项目旨在考核参赛选手的全面能力，由一位选手独立完成4个模块的比赛内容，得出最终成绩。该比赛集创意设计与技术实现于一体，选手在具备良好服装制作技艺的同时，还要具备审美意识、时尚感受能力、设计能力、工艺能力等过硬的专业综合素养。

（1）主办单位

人社部、各省人社厅。

（2）大赛内容

竞赛用时两天，考核4个模块：立体裁剪、款式设计、女时装上衣制版和制作。比赛第一天上午进行模块A立体裁剪考核，下午进行模块B款式设计考核。比赛第二天进行模块C女时装上衣制版和模块D女时装上衣制作的考核（如图7-22）。

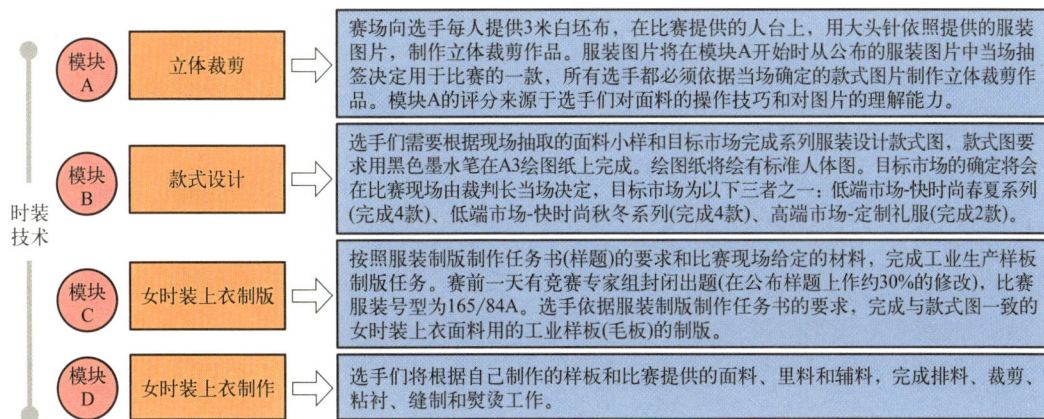

图 7-22 世赛时装技术赛项竞赛内容

二、参赛服装设计的要求

（一）了解大赛性质

在参加服装设计大赛之前，首先要全面了解比赛的性质与具体要求。仔细阅读大赛公告，把握设计主题，明确参赛资格、作品要求、提交方式、评选标准和时间安排等重要信息。

（二）分析往届获奖作品

分析历届大赛的获奖作品，了解大赛的风格偏好和评判标准，以便明确自己的努力方向，强化专业技能与知识结构。

（三）调整参赛心态

抱有正确的参赛观，以积极的心态面对大赛，注重参赛的经历和过程，成绩只是一方面，通过参赛提高自身实践能力、开阔设计视野、拓展创新设计理念才是宝贵的财富。

（四）进行赛前强化训练

针对比赛要求和自身短板进行强化练习，通过反复练习、模拟比赛场景等方式提高技术水平。加强团队沟通与协作，提高团队整体实力。提前熟悉比赛场地、规则等，确保比赛顺利进行。

三、社会类服装设计大赛项目实践

（一）解读比赛要求

以"大连杯"国际青年服装设计大赛为例，它是由中国服装设计师协会和大连市人民政府联合主办的国内最早的国际性服装设计赛事，被誉为中国服装设计师成长的摇篮和孵化器。第32届"大连杯"国际青年服装设计大赛的赛事要求如下。

① 主题：行无定式。

② 范围：男／女装成衣（面料及材料不限）。

③ 系列：秋冬系列。

④ 符合大赛主题及要求，具有鲜明的时代性和文化特征。

⑤ 参赛作品：要求基于同一概念设计的3套组合作品，其中1套为具有发散性思维的创意概念设计，2套为具有商品特性的实用设计，需明确目标市场人群及适用场合。

⑥ 时装设计稿规格要求：首页需包含彩色时装设计效果图和设计主题；其余页包含每套服装的款式图、主题说明、面料实物小样（50mm×50mm）等；图稿规格为A3尺寸（297mm×420mm），建议横版构图；总页数限定在4页内，请将所有页面装订后邮寄。

⑦ 实物作品：要求符合效果图，结构完整、制作精细、配饰齐全、表现形式完美。

⑧ 虚拟服装设计：入围选手需选取参赛作品中的1套作品进行虚拟服装设计，将根据呈现效果选出"数字时尚奖"。入围选手需提供虚拟服装设计视频作品。

⑨ 参赛作品须为未公开发表过的原创设计作品。

（二）比赛初赛阶段的设计任务

1. 开展市场调研

根据参赛主题进行市场调研，同时积极收集各类媒体发布的时尚信息，整合提炼设计资源，让设计更具生命力与时代感。

2. 进行初稿推敲

根据调研结果，结合查阅往届获奖作品，可初步进行多幅设计草图的绘制，给作品进行命名，命名的过程也是对整个设计主题表现进行再思考的过程，反复多次完善修改，使其主题鲜明、风格独特。

3. 完成面料选用

根据初稿进行面料选用，如果没有适合的面料就必须修改设计方案，直至面料和款式能够衔接融合。

4. 完成正稿绘制

初赛是以评审服装效果图的形式进行的，因此出色完成效果图的绘制非常重要。在设计草稿的基础上形成设计正稿，其创作要求为：较好的画面布局，突出的画面效果，着装造型生动，人体比例完美，结构准确的正反面款式图，清晰的文字说明。

5. 进行参赛投稿

按照投稿要求，留出充足时间完成投稿。

（三）入围决赛阶段的设计任务

1. 精心挑选服装材质

根据设计效果图，选择合适的面料和辅料。可以通过实地考察面料市场、在线搜索等方式寻找所需的面料。考虑面料的颜色、质地、手感、光泽等因素，以及面料的可加工性和耐用性。选择合适的辅料，如纽扣、拉链、蕾丝、绣花等，为服装增添亮点。

2. 进行样衣制作

根据大赛要求的号型规格进行打版与样衣制作，在制作样衣的过程中，要严格按照设计效果图和款式图进行，确保样衣的质量和效果。注意服装的尺寸和比例，以及细节的处理，一些特殊的设计需要用立体裁剪方式进行多次修改完善。

3. 完成试穿和搭配

在整个服装系列制作完成后要请模特进行试穿，看有什么需要进一步改进和加强的地方。最后为现场 T 台走秀艺术效果搭配相应的服饰配件，如特色箱包、头饰、帽子、眼镜、项链、手链、皮带、腰饰、鞋子等，根据作品风格选配模特进行着装摄影。

四、世赛时装技术赛项实践

（一）世赛时装技术赛项考核知识及技术要点

时装技术（世赛）项目是选手应用服装设计、制版、制作技能，利用高速平缝机、包缝机、熨斗、人台等服装设备和绘图制版工具完成服装的款式设计、立体裁剪、工业样板的制作和时装女上衣的制作任务。比赛中对选手的技能要求包括：按时装图片和给定的人台完成立体裁剪；根据面料性能和市场需求进行服装款式设计并绘制款式图；根据款式图和制版要求完成服装工业样板的制作，使用缝纫设备完成时装女上衣的排料、裁剪、缝制、整烫（如表 7-4）。

表 7-4　世赛时装技术赛项考核知识及技术要点

项目	基本知识	能力要求
工作组织和管理	①当今服装流行趋势 ②服装相关设备、材料、性能、特点及用途 ③定制及品牌服装的工作流程 ④行业术语及专业词汇 ⑤安全操作规范及文明生产 ⑥有效的工作计划及生产组织的重要性 ⑦服装设计制作工具、设备的使用及保养 ⑧服装生产、营销有关的职业道德及可持续性发展 ⑨服装质量标准及质量检验	①个人知识及技能的提升 ②当今时装设计、配饰、颜色、面料的把控 ③安全正确使用设备及设施 ④依据工作任务选择正确的工具和设备 ⑤对工作进行合理的计划及排序 ⑥保护材料、成品及环境的整洁 ⑦时装成本的测算与控制
沟通和社交能力	①保护客户隐私 ②与客户的基本沟通能力 ③有效的专业技术交流 ④时装的现场设计陈述及销售技巧	①与顾客有效交流 ②和客户交流时举止行为自信得体 ③为客户提供专业的建议及指导 ④向客户呈现创意设计、视觉及生产制作方案等方面的工作
解决问题及创新能力	①时装行业的独特性 ②创新在时装行业中的重要性	①展示设计上的创新性 ②创新解决方案 ③运用创新能力解决时装设计和制作中的挑战 ④不合体服装的创新修改 ⑤高标准进行服装质量检验，并提供服装质量问题的解决方案
服装设计	①设计元素和设计原则 ②服装材料的特性、用途及保养方式 ③服装材料、面料、颜色、款式与流行 ④服装和配饰之间的互相搭配 ⑤人体造型与尺寸对服装合体性及外观的影响 ⑥国际潮流、民族特色对时装设计的影响	①保持设计创造性与创新性 ②针对不同时装设计选择合适的面料 ③合理选择并使用不同的配件及辅料 ④将不同的装饰品及配件应用到设计中 ⑤艺术与创新设计运用在各类场合穿着的服装 ⑥根据主题或设计任务进行服装创作 ⑦依据客户需求进行设计修改
工艺图/效果图/款式图	①如何阅读并制作专业的技术图 ②专业相关的术语及符号	①解读工艺图、效果图 ②手绘服装款式图 ③清晰标注平面图，用清晰、合理、准确的文字及图表表达设计、制作的全部信息
样板结构及立裁	①使用平面或立体制版方法完成服装结构设计 ②为不同结构的服装完成平面样板设计 ③人台的特点及使用 ④不同面料、不同制作工艺服装样板的处理	①依据不同类型服装，进行样板设计与修正 ②针对不同面料和设计特点，选择服装制作的最佳方式 ③使用坯布制作完整或局部样衣并进行样品鉴定 ④人台尺寸的准确测量与标记 ⑤服装规格尺寸的测量与把控 ⑥样板信息的正确标注

续表

项目	基本知识	能力要求
裁剪缝制及整烫	①合理排料、画皮 ②裁剪工具的安全使用 ③缝纫设备及工具的使用与保养 ④服装制作流程及工艺设计 ⑤多种缝合和整理方式的合理应用 ⑥各种辅料如线、拉链、嵌条等的使用 ⑦不同面料的特性处理	①根据样板对面料进行准确核算 ②实现最佳面料使用率的排料技能 ③使用合适的工具或设备准确裁剪面料 ④根据裁剪说明准确裁剪 ⑤服装行业中的各种设备如缝纫机、锁边机、熨斗、黏合机的安全正确使用 ⑥为工作任务选择合适的工具及设备 ⑦调试机器设备，确保设备与面料相适用 ⑧对服装不同部分进行有效正确黏合 ⑨合理使用衬料及里布 ⑩对面料进行处理及操作时，确保不损伤面料并保持面料优质的性能 ⑪根据设计服装的款式，合理制作里布和贴边 ⑫用专业技能高质、高效完成时装制作 ⑬局部手工工艺完成制作如翘边，固定 ⑭有效熨烫

（二）世赛时装技术赛项比赛流程

世赛时装技术赛项比赛流程如图 7-23 所示。

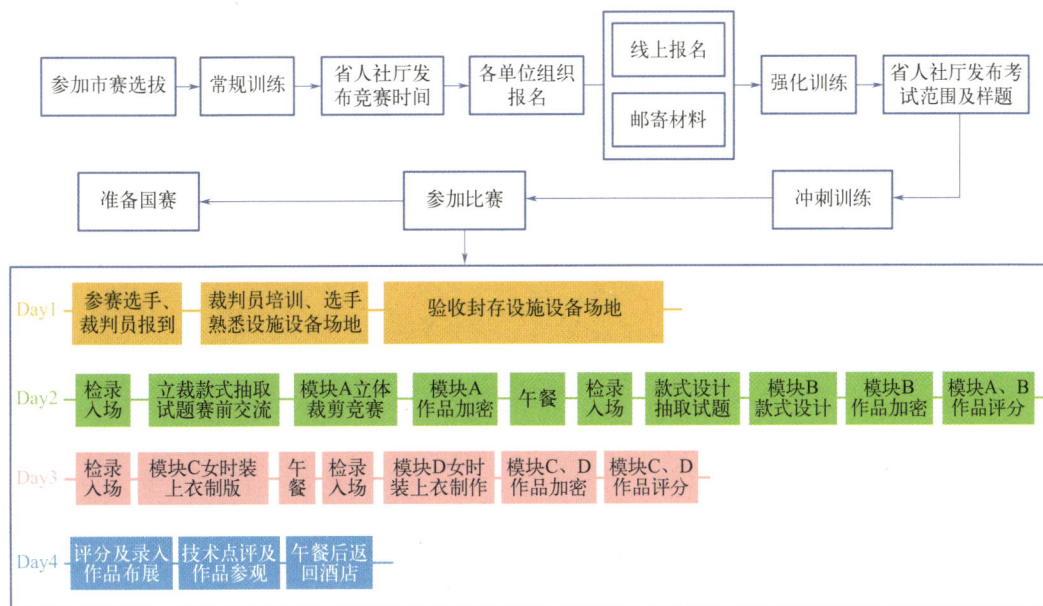

图 7-23 世赛时装技术赛项比赛流程

各参赛选手根据竞赛题目要求必须自带工具箱。工具箱内可以包括：画粉、铅笔、签字笔、橡皮、剪刀、直尺、软尺、制版工具、针插、手针、绘图工具、压轮、镇纸、拆线器、翻带工具、螺丝刀、打孔器、小型熨烫工具等。

师生互动

同学们，你参加过上述的服装设计大赛吗？分享一下你对参加服装大赛的看法。

学习竞技台

● 知识冲浪（40分）

一、将正确的选项填在括号里，每题5分，共计25分。

1. 服装设计大赛根据着装人的类别可以分为（　　）。

A. 童装　　　　　　B. 男装　　　　　　C. 女装　　　　　　D. 礼服

2. 按照服装设计形式，社会类服装设计大赛可以划分为（　　）。

A. 实用型服装赛事　　　　　　　　　B. 创意型服装赛事

C. 实用与创意相结合服装赛事　　　　D. 民族风服装赛事

3. 世赛时装技术赛项竞赛模块有（　　）。

A. 立体裁剪　　　　　　　　　　　　B. 款式设计

C. 女时装上衣制版　　　　　　　　　D. 女时装上衣制作

4. 社会类服装设计大赛中初赛阶段的工作任务包括（　　）。

A. 开展市场调研　　　　　　　　　　B. 进行样衣制作

C. 完成正稿绘制　　　　　　　　　　D. 完成服饰搭配

5. 下列不属于世赛时装技术赛项考核范围的是（　　）。

A. 女上衣时装纸样设计　　　　　　　B. 服装CAD制版

C. 立裁样衣制作　　　　　　　　　　D. 立裁成衣拓版

二、分析近三年世赛时装技术赛项竞赛内容，比较赛项内容的变化，对标最新的职业技能标准，找出自己的专业技能优劣势，并且制订详细的技能提高计划。（15分）

● 技能演练（60分）

解读第十三届"大浪杯"中国女装设计大赛比赛要求，进行参赛作品的设计与绘制。

1. 大赛主题

"绿翼 & 东方"。

2. 主题诠释

人与自然和谐共生造就生态环境的秩序，绿色可持续是历久弥新的发展与进步。可持续发展不是短期的灵感爆发，而是要不懈坚守；可持续发展不是简单的一句口号，而是全力以赴地奔向绿色未来。设计师在始终坚持以"东方"为设计主线的同时，追求时尚先锋也要兼顾与地球"永续共美"，让"绿色"成为设计创意的翅膀自由飞翔。以无边的想象力为始，以实现作品商业价值为终，形成全球独树一帜的新东方时尚风潮。

3. 参赛要求

（1）参赛作品要体现今年大赛主题，结合最新国际流行趋势，作品要具有鲜明的时代文化特征与商业价值。

（2）提交4套女装系列的彩色效果图及工艺结构图，其中2套为创意设计，2套为创意延伸的商业设计。

（3）作品规格为27cm×40cm，手绘、计算机绘制均可，并附带主面料小样。

（4）提交设计说明，包括灵感来源、设计构思、流行要素等。

● 任务评价

《"大浪杯"中国女装设计大赛参赛作品设计》技能演练项目评分表

设计者：　　　　　　　　作品名称：　　　　　　　　最终得分：

一级评价指标	二级评价指标	评价观测点	得分
主题契合与时代文化特征（20分）	主题诠释（10分）	1. 深刻理解并精准体现第十三届"大浪杯"主题内涵，与主题紧密相连且在设计中展现独特视角与深度解读，得8～10分。 2. 基本能把握主题，设计与主题有一定关联，但缺乏独特见解与深度挖掘，得4～7分。 3. 主题理解偏差较大，设计未能有效体现大赛主题，得0～3分	
	时代文化特征（10分）	1. 充分融合当下最新国际流行趋势与鲜明的时代文化元素，使作品具有强烈的时代感与文化感染力，得8～10分。 2. 能关注到部分流行趋势与文化特征，设计有一定的时代印记，但融合不够巧妙或不够新颖，得4～7分。 3. 对流行趋势与时代文化把握不足，作品呈现出明显的滞后性或与现代文化脱节，得0～3分	
设计效果图与工艺结构图（20分）	创意设计效果图（8分）	1. 两套创意设计效果图整体视觉效果惊艳，造型独特新颖，色彩搭配和谐且富有创意，服装细节设计丰富且精致，能够充分展示设计的创新性与前瞻性，线条流畅清晰，人体比例协调，得6～8分。 2. 效果图有一定创意，造型与色彩表现尚可，细节设计有亮点但不够突出，整体效果较为完整但缺乏强烈的视觉冲击力，得3～5分。 3. 创意设计缺乏新意，造型普通，色彩运用不当，细节处理粗糙，效果图呈现效果差，得0～2分	
	商业设计效果图（6分）	1. 两套商业设计效果图既体现了创意设计的延伸性，又符合商业市场的审美与实用性需求，款式简洁大方且具有可操作性，色彩搭配符合大众喜好且利于搭配，能清晰展示服装的商业卖点与穿着效果，得5～6分。 2. 商业设计效果图在创意与商业性的平衡上有一定表现，款式与色彩有一定市场潜力，但创新性或实用性某一方面略有不足，得3～4分。 3. 商业设计偏离创意源头，缺乏商业吸引力与实用性，效果图表现不佳，得0～2分	
	工艺结构图（6分）	1. 工艺结构图绘制规范、准确、详细，清晰标注了服装的裁剪、缝制、装饰等工艺细节，与效果图高度匹配，能够有效指导服装制作，得5～6分。 2. 工艺结构图基本完整，标注较清晰，但部分工艺细节缺失或不够准确，与效果图有一定偏差，得3～4分。 3. 工艺结构图绘制混乱，标注模糊或错误，无法准确反映服装制作工艺，与效果图严重不符，得0～2分	
作品规格与呈现形式（10分）	作品规格（4分）	1. 所有提交的效果图严格按照27cm×40cm的规格制作，尺寸精准，无偏差，得3～4分。 2. 部分效果图规格略有偏差，但不影响整体展示效果，得1～2分。 3. 多幅效果图规格严重不符合要求，得0分	

续表

一级 评价指标	二级 评价指标	评价观测点	得分
作品规格与 呈现形式 （10分）	绘制方式与 面料小样 （6分）	1.手绘作品绘画技法娴熟，色彩表现细腻；计算机绘制作品图像清晰、分辨率高、色彩还原度好。无论何种绘制方式都能很好地呈现设计意图。同时，主面料小样选择精准，能很好地体现设计风格与质感，与效果图搭配协调，得5～6分。 2.绘制效果有一定质量，能基本展示设计，但在绘画技法或图像效果上存在一些不足。主面料小样能反映设计风格，但在质感或与效果图的协调性上有提升空间，得3～4分。 3.绘制粗糙，无法清晰呈现设计。主面料小样选择不当，与设计脱节，得0～2分	
设计说明 （10分）	灵感来源 （3分）	1.灵感来源阐述清晰、独特且具有启发性，能与设计作品形成紧密的逻辑关联，为作品赋予深刻的内涵与故事性，得2～3分。 2.灵感来源有一定说明，但较为普通或与设计作品的联系不够紧密，缺乏深度与独特性，得1分。 3.未清晰阐述灵感来源或灵感与设计毫无关联，得0分	
	设计构思 （4分）	1.设计构思完整、合理且富有创意，从款式、色彩、面料到工艺等方面的设计规划详细且具有连贯性，能充分体现设计师对作品的整体把控与创新思维，得3～4分。 2.设计构思有一定框架，但在某些方面的规划不够详细或缺乏创新，逻辑不够严谨，得1～2分。 3.设计构思混乱，缺乏系统性与逻辑性，无法有效传达设计意图，得0分	
	流行要素 （3分）	1.准确捕捉并详细阐述作品中运用的最新国际流行要素，且能将其巧妙地融入设计中，使作品具有时尚前瞻性，得2～3分。 2.能提及部分流行要素，但分析不够深入，与设计的融合不够自然，得1分。 3.未有效分析流行要素或对流行趋势把握错误，得0分	

改进建议：

● 得分总评

知识冲浪分值：_____　　　技能演练分值：_____　　　评价人：_____

任务四　系列服装设计要求与实践

一、系列服装设计的定义与要求

（一）定义

系列服装设计指两套及两套以上，由统一设计元素组成的服装组合形式，而这种共同元素在系列中又必须做大小、长短、正反、疏密、强弱等形式上的变化，使个体款式互不雷同，达到系列设计个性化的效果，从而产生视觉心理感应上的连续性和趣味性。

系列服装设计

（二）系列服装设计的要求

1. 设计主题的统一性

围绕一个特定的主题展开设计，如自然元素、历史时期、文化主题等。这个主题贯穿整个系列，从设计元素的提取到款式、色彩、面料、细节装饰都与之呼应，使系列服装具有统一的风格和情感表达。

2. 设计作品的连续性

在服装展示过程中，无论是服装专柜、商店橱窗还是新品发布会，系列化设计都通过相同的色彩、面料、主题或者服装局部、装饰细节上的连续性和衍生性，使展示效果得以强化，最终在人心理和视觉上产生高度的一致性和统一感（如图7-24、图7-25）。

图 7-24　都市风格系列设计

图 7-25　礼服系列设计

3. 作品数量的完备性

在服装系列设计中为完整地展现主题、风格和设计元素的多样性，通常要具有作品数量的要求，根据数量多少分为小、中、大系列。其中2～3套的为小系列，一般用于参赛服装或院校的毕业设计作品；4～6套的为中系列，用于时装展示会；7套以上的为大系列，用于个人服装发布会和品牌服装展销会等。随着系列中服装数量的增加，系列感会愈发增强，主题会更加鲜明，展示效果会更加震撼，但同时设计的难度也会越大，需要设计师有较强的系列设计掌控力。

二、系列服装设计的方法

（一）轮廓系列设计

指整个系列服装的外轮廓都采用相同或近似的外形，以突出廓形的统一为特征而形成系列的设计方法。在系列服装设计中，通过突出一致的轮廓造型形成明显体感，能够给人一种非常强大的视觉冲击力（如图7-26）。

（二）色彩系列设计

指通过对色彩的强调形成一个系列服装设计的手法。系列设计中的色彩可以是单色，也可以是多色，通过色彩的渐变、重复等变化呈

图 7-26　统一廓形礼服系列

现在每套服装上（如图7-27）。随着色彩应用的普及和流行色研究的开展，服装色彩主题系列设计日益增多，如"莫兰迪色"系列、"马卡龙色"系列、"多巴胺色"系列等，使系列服装散发出或深沉、浓郁、古朴、雅致，或明丽、淡雅的色彩情调。

（三）材质系列设计

是指利用面料突出的艺术特色，或者通过不同面料间的对比或组合形成系列感的设计方法（如图7-28）。当某种面料的外观特征十分鲜明时，面料就可以担当起统领系列的任务。为构建整体的面料框架，应选定一种或两种主打面料，避免杂乱无章的面料进行组合，致使面料所具有的独特艺术魅力无法彰显，破坏整个系列的和谐与美感。

图 7-27 色彩系列设计

图 7-28 材质系列设计

（四）工艺系列设计

是指在服装中采用褶裥、镂空、拼接、缉明线、分割、解构等特殊的工艺技法或是刺绣、钉珠、镶边等装饰手法，并将其贯穿于多套服装中反复应用，形成服装关联性的系列设计方法（如图7-29）。

（五）配饰系列设计

是指通过强调服装的配饰品设计来形成系列服装的设计方法。在配饰系列服装中，配饰品的应用要占据较大比重，要打破常规服饰配件的形态和种类，利用造型奇特、面积较大且系列化的配饰品烘托出服装整体设计效果，同时还要把握好整个系列中服装和配饰的节奏、协调等关系（如图7-30）。

图 7-29 工艺系列设计

图 7-30 配饰系列设计

三、系列服装设计项目实践

(一)确定系列的主题内容

主题是系列设计的核心。在开始设计之前，首先要明确设计的主题，依据主题来选择系列设计的内容和方法，确定使用何种形式的廓形、色彩、面料、工艺或装饰等元素作为设计的切入点，并围绕这种形式从传统、前卫、现代等多个领域中提取设计素材。

(二)明确服装风格的定位

设计师应对设计主题明确服装的风格定位。不论系列服装的风格是古典优雅、现代简约、时尚前卫，还是文艺清新，在服装款式的细节处理中，如局部分割处理、装饰方法、装饰工艺、面料肌理处理，甚至是配件的搭配，都要严格地遵从服装的风格定位，使其有依有据，主题鲜明。

(三)确立系列的数量及基型

根据设计要求，确定系列服装的大、中、小，明确数量组成。围绕主题和风格开始进行第一套服装基型的构思与绘制，基型的确立是服装系列设计中最为重要的内容，因为其他的款式都在基型的基础上进行变化和衍生。基型的款式特征、面料使用、色彩搭配、装饰细节的诞生建立在设计师对主题的理解、分析、归纳的基础上。

(四)优化系列服装的品类分布

确定了数量与基型之后，要充分考虑到服装品类分布与款式组合，即系列中上下装的搭配、内外层次的搭配、配饰与服装的搭配以及单品搭配数量配比等，通过丰富与优化系列服装的品类组合与分布，形成系列款式的构建，增强系列服装的可选择性和可搭配性。

(五)设计方案的完善调整

初步完成系列的整体设计之后，要检查每一套服装的单品美感以及和整个系列的关联性、搭配性，斟酌局部细节的合理性和协调性，不断进行调整和修改，以期达到整体的和谐与统一。

学习竞技台

● 知识冲浪(30分)

判断正误，每题 5 分，共计 30 分。

1. 系列服装设计指必须是两套以上，由统一设计元素组成的服装组合形式。(　　)

2. 系列设计中的组合数量越大，作品的关联性越大，视觉的刺激越强烈，给人的印象越深刻。(　　)

3. 廓形系列设计指整个系列服装的外部轮廓和内部结构都采用相同或近似的形式，而形成系列的设计方法。(　　)

4. 在材质系列设计中必须要有一种或两种主打面料，切忌杂乱无章的面料组合，掩盖了面料原有的艺术魅力。(　　)

5. 工艺系列设计通过采用同一种工艺手法，使之成为设计系列作品中最引人注目的设计内容。(　　)

6. 在进行系列产品设计时，不需要考虑服装品类分布与款式组合，只要保持风格的统一

性就达到了系列设计的要求。(　　　)

● 技能演练（70分）

分析系列服装设计作品一、系列服装设计作品二中运用了哪种系列服装的设计方法，制作PPT进行汇报。完成要求如下。

1. PPT内容要求

（1）封面包含作业主题（关于系列服装设计作品一、系列服装设计作品二的设计方法分析）、课程名称、学生姓名、学号及提交日期。

（2）目录要清晰列出PPT各章节内容及对应的页码，包括设计作品简介、设计方法剖析、案例对比与拓展、总结与展望等主要板块。

（3）对系列服装设计作品一、系列服装设计作品二分别进行整体介绍，包括设计风格、色彩搭配方法、款式设计方法、面料选择与运用方法等。

（4）详细分析每个系列服装设计作品所运用的设计方法。

2. PPT制作要求

（1）整体页面布局合理、美观大方，文字与图表等元素搭配协调，避免页面内容过于拥挤或空旷。标题栏、正文内容、图片注释等文字部分字体统一、字号适中，颜色搭配与整体风格相符且具有较强的可读性。

（2）图表等素材清晰、质量高，无模糊、变形或失真现象，且在页面中的大小与位置合适，能够有效辅助文字内容的表达。

（3）适当运用PPT动画效果增强演示的生动性与逻辑性，各页面之间的转场效果自然流畅，选择简洁、统一的转场方式确保整个PPT的演示节奏平稳。

3. 汇报要求

（1）汇报时长控制在10分钟之内，汇报过程中语言表达清晰、流畅、准确，语速适中，使用专业术语恰当且能够进行通俗易懂的解释。

（2）声音洪亮、富有感染力，与观众保持良好的眼神交流，展现出自信与专业的形象。

系列服装设计作品一　　　　　　　　系列服装设计作品二

4. 作业提交要求

需在规定的截止日期前同时提交PPT文件电子版和打印版，以"学号＋姓名"方式进行文件命名。

● 任务评价

《系列服装设计作品设计方法分析》技能演练项目评分表

设计者：　　　　　　　班级学号：　　　　　　　　最终得分：

评价指标	评价内容	得分
PPT 内容 完整性 （30分）	PPT 内容完整，包括封面、目录、作品分析和结论。（6分）	
	对系列服装设计作品一、系列服装设计作品二分别进行整体介绍，包括设计风格、色彩搭配方法、款式设计方法、面料选择与运用方法等。（12分）	
	深入分析每个系列作品所采用的设计方法，分析透彻全面，且配合局部设计图片。（12分）	
PPT 制作 水平 （20分）	整体布局美观协调，文字与图片等元素搭配合理，字体字号颜色适宜，图表清晰质量高且位置大小合适。（10分）	
	动画效果运用恰当，具有较强的逻辑性与生动性且不过于复杂，转场自然流畅且统一。（10分）	
汇报表现 （20分）	在规定时间内完成汇报，表达清晰流畅准确，语速适中，专业术语运用恰当且解释清晰，逻辑条理性强，声音洪亮有感染力，并与观众有良好眼神交流。（15分）	
	熟练操作 PPT，准确及时切换页面、播放动画与展示内容，辅助工具使用自然得体。（5分）	

改进建议：

● 得分总评

知识冲浪分值：＿＿＿＿＿　　　技能演练分值：＿＿＿＿＿　　　评价人：＿＿＿＿＿

任务五　服装设计表达

服装设计表达是整个设计过程中的一个重要环节，展示了服装的款式与风格，诠释了设计师的设计理念，是一名合格服装设计师应具备的基本素质之一。

一、服装设计表达的定义

服装设计表达是对服装款式细节、材质特征、色彩搭配的全面、深入地描绘。它能够准确呈现设计师的意图，为接下来的服装生产提供指导。

二、服装设计表达方式

（一）设计草图

设计草图主要是用于快速记录设计师的创意思维，帮助设计师理清思路，明确设计的方向。设计草图不需要绘制得非常完整，只要抓住设计灵感，快速表现出设计构思即可（如图 7-31）。

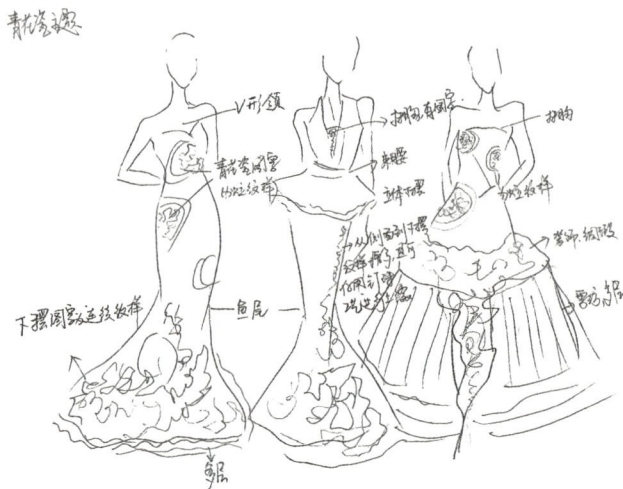

图 7-31　款式设计草图

（二）平面款式图

平面款式图又称生产效果图，是制版师制作样板以及后期制定生产工艺的重要依据，因此在款式细节上要尽可能表现得准确、清晰、详尽，必要时还可以辅以文字说明（如图 7-32）。

（三）时装效果图

时装效果图又称时装画，是借助动态人体呈现出服装整体设计效果，画面生动、富有表现力（如图 7-33）。

图 7-32　平面款式图

图 7-33　时装效果图

三、服装设计表达技法

（一）手绘表达技法

常见手绘服装表达技法有以下三种：马克笔绘制、水彩绘制、彩铅绘制。

1.马克笔绘制

（1）马克笔的特性

① 马克笔墨水的性质属于透明水色，有三种属性：油性、水性、酒精性。无论是何种性质的墨水都会呈现出半透明的效果，但不同性质的墨水会带来不同的视觉感受。

② 马克笔的笔尖有两种，一种是尖头较细，一种是平头较宽。近年来市面上出现一种软头马克笔，使用起来与毛笔无异，更加容易控制（如图7-34）。

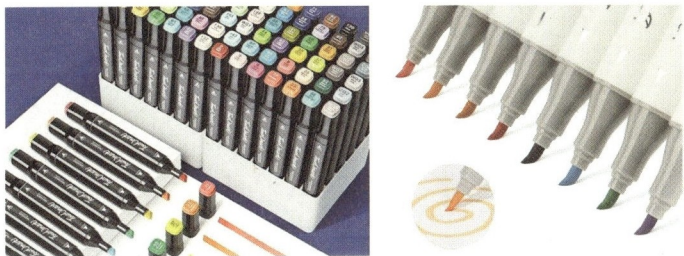

图 7-34　马克笔的种类

（2）马克笔的辅助工具

① 纸张。因马克笔的墨水渗透力较强，所以绘图一般使用质地较为紧密、厚实的卡纸或者有防水涂层的铜版纸。且马克笔墨水具有融色的特性，纸张表面不能过于光滑。

② 勾线笔。绘图钢笔、秀丽笔和自来水笔都可以作为勾线笔使用，用于强调轮廓、结构转折处或者描绘细节。使用时注意把握用笔的粗细、力度，控制笔尖方向，才能绘制出变化灵活的线条。

③ 高光笔。高光笔是一种具有覆盖性的油漆笔，在马克笔时装画中，大面积的受光面通过留白来体现，小面积的高光则可以通过高光笔提亮。

（3）马克笔的基本技法　马克笔受限于笔尖的宽度和墨水的特性，无法像水彩那样绘制出极为平整的色块，而是留下笔触衔接的痕迹，这也是马克笔的显著特色。

① 平涂。绘画者沿着同一方向保持均匀的用笔力度，扫出马克笔笔触，笔触之间不留缝隙（如图7-35）。

② 排线。绘画者按照一定的规律排列笔触，笔触之间留出空隙（如图7-36）。

③ 叠色。马克笔叠色分为同色叠色和异色叠色。同色叠色次数越多，颜色越深，可表现出明暗变化。异色叠色可以用来调和色彩，两层或三层颜色相叠，呈现出调和性的复色，但重叠的次数不宜过多，否则会使马克笔失去透明感（如图7-37）。

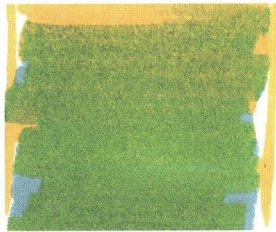

图 7-35　平涂　　　　　　图 7-36　排线　　　　　　图 7-37　叠色

2.水彩绘制

（1）水彩的特性

① 水彩颜料的透明度较高，易于调和，能够形成丰富的色彩效果，既可以表现得潇洒大

气、淋漓尽致，也可以表现得细腻写实、层次丰富（如图7-38）。

② 不同的纸张材质、画笔大小、运笔方式、行笔速度、水量多少以及媒介剂的使用，会使水彩产生不同的效果，会让画面进一步丰富变化。

（2）水彩的辅助工具

① 水彩纸。水彩纸主要有木浆、棉浆和混合水彩纸。木浆水彩纸吸水性较弱，适合使用干画法；棉浆水彩纸吸水性强，适合使用湿画法。根据表面纹理不同，水彩纸有粗纹、中粗纹和细纹之分。纹路越粗，吸水性越强，越适合采用渲染画法。如果在绘图时注重细节的刻画，则可以使用细纹水彩纸。

② 水彩笔。毛笔水彩笔是最佳选择，既含水又具有弹性，既可以大面积铺色又可以绘制细节。

③ 水彩媒介。常见的水彩媒介有留白液、阿拉伯树胶、牛胆汁、调和媒介、珠光媒介、沉淀媒介、肌理媒介等，不同媒介的使用方法和呈现效果均不同（如图7-39）。

图 7-38　水彩颜料、水彩笔

图 7-39　水彩媒介

（3）水彩的基本表现技法

① 平涂。使用水彩笔均匀地蘸取颜料，平稳地使用水彩笔侧锋，从左到右横向运笔，将水彩颜料平铺到水彩纸上，需要注意的是，颜料不可以太干，要使水分充盈才能达到平涂的效果（如图7-40）。

② 渐变。蘸取水彩颜料后，通过控制运笔的方向和速度，让水彩颜料从聚集到扩散地分布，色彩形成由浅到深或者由深到浅的变化效果。也可以使用两种颜色进行渐变绘制（如图7-41、图7-42）。

③ 勾勒。用水彩笔蘸取颜料后，将水彩笔提起来，用水彩笔的笔尖对时装效果图的模特面部细节、服装轮廓、服装褶皱或服饰图案进行描绘（如图7-43）。

图 7-40　平涂　　　　图 7-41　单色渐变　　　　图 7-42　双色渐变　　　　图 7-43　勾勒

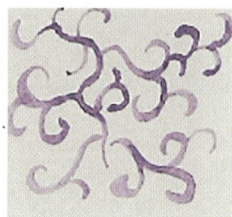

3.彩铅绘制

（1）彩铅的特性

① 彩铅笔触细腻，叠色自然，通过对用笔力度和行笔方式的控制能够描绘出精确的细

节，而且可以用橡皮擦进行一定程度的修改。

②根据彩铅笔芯的性质不同，可以分为绘图彩铅、水溶彩铅、油性彩铅、色粉彩铅等。在绘制时装效果图时，常选用水溶彩铅，它的笔芯能够溶于水，用水调和后可以绘制出类似水彩的效果（如图7-44）。

（2）彩铅的辅助工具　铅笔与勾线笔是最为常用的辅助工具。铅笔主要用于起稿，易于修改。勾线笔常可以用来强调服装细节。

图7-44　彩铅

（3）彩铅的基本表现技法　彩铅的笔触既可以规则排列也可以自由变化，因为笔触感和铅笔极为相似，表现方式借鉴素描技法，如涂抹、排线等（如图7-45）。

图7-45　彩铅技法

设计分享：马克笔绘制雪纺裙

　　用马克笔绘制绿色雪纺分体裙，在绘制时要凸显雪纺面料的轻薄飘逸。根据人体的动态，需要让服装褶皱的线条与人体的走向保持一个动线。此外注意马克笔在使用过程中不可来回反复涂抹，用笔要坚定有规律。

| 01用铅笔起稿，绘制出模特的动态以及着装，注意保持人体的重心。 | 02马克笔是一种较为透明且易晕染的画材，在上色之前要用橡皮将辅助线擦干净，防止绘画过程中将画面弄花。首先用肤色上一遍底色，用马克笔的平头进行均匀平铺。 | 03在第一遍色未干的时候用同一支笔进行暗部的加重晕染，可以用马克笔平头的笔尖进行细节的刻画。眼睛和嘴唇的位置需要留白。 |

04在绘制头发时，需要用浅色打底，高光的位置则需要留白。

05用同色较深的马克笔对头发的灰部和暗部进行过渡铺色。

06用同色更深的马克笔对头发的暗部进行刻画。待面部和头发的区域颜色干了以后，对眼睛和嘴唇进行刻画，可以用彩铅配合。

07用颜色较浅的马克笔对服装进行打底铺色，马克笔在使用时会随着用笔的力度呈现深浅的变化，因此在铺色时要注意笔触的表现，尽量使马克笔的笔端处于服装的褶皱深处。

08用同色较深的马克笔对服装的灰部和暗部进行过渡铺色，依然要注意用笔的力度和运笔的走向。

09用同色更深的马克笔对服装的暗部进行刻画。可以搭配彩铅对服装的细节进行描绘。

10在绘制皮靴时，也需要用浅色的马克笔打底。因为皮革的面料特性使它的反光比较清晰，在平铺底色时注意把反光的位置留白，一般位于褶皱位置或圆弧位置。

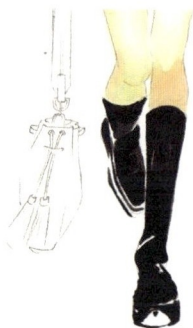

11在底色未干时用同色较深的马克笔进行二次加深，转折的位置要过渡自然，用笔要平稳，不可以来回涂抹。

12由于手提包的重力表现较为明显，在用笔时要注意运笔的力度。绘制手提包时，要沿着手提包的重力方向进行运笔。

13用深色的马克笔笔锋绘制手提包上的流苏。

14使用白色高光笔对服装的亮部
或者细节部位进行强调，可以搭
配黑色彩铅进行暗部的刻画。

15最后再加上脚底的阴影和一
些背景元素，这幅马克笔时装
效果图就完成啦！

（二）数字化表达技法

数字化表达技法是用电脑绘图软件代替传统手绘效果图的设计方式，它具有表达效果丰富、设计过程快捷、传递方法多样等特点，不仅是设计师的得力助手，也是当今时尚界愈发重视和推崇的表达技法。

1. Photoshop 软件介绍

Photoshop 是目前最流行和使用率最高的绘图软件之一（如图 7-46）。Photoshop 提供强大的图像处理工具，服装设计师可以利用 Photoshop 对服装效果图中数字化图像进行移动、复制、旋转、扭曲、倾斜等编辑操作，例如透视特效等；也可以通过 Photoshop 软件提供的画笔工具和铅笔工具进行服装款式设计绘制，通过不同的笔刷形状大小和方向创建不同图案设计、色彩设计的效果（如图 7-47），还可以使用滤镜工具进行服装的面料模拟、材质模拟等。

图 7-46 Photoshop 工作界面

2. CorelDRAW 软件介绍

CorelDRAW 是一款矢量图形编辑软件（如图 7-48），在服装数字化效果表现中，CorelDRAW 主要用来绘制服装平面款式图，绘图工具有直线工具、曲线工具、贝塞尔工具、艺术笔工具以及钢笔工具。可以借助图形工具以及图形编辑工具进行款式图的绘制；另外还有调色板工具可以进行服装色彩的设计，图案填充工具可以进行服装图案的设计；透明工具、文字工具、调和工具、路径跟随工具等可以调整款式图的细节，增加款式图的表现力（如图 7-49）。

CorelDRAW 软件款式设计

图 7-47　**Photoshop 服装效果图**

图 7-48　**CorelDRAW 工作界面**

图 7-49　CorelDRAW 绘制平面款式图

3. 3D 软件介绍

目前国内常用的设计服装 3D 软件有 CLO3D（如图 7-50）、Style3D 等。设计师能够使用 3D 软件中的虚拟缝合技术实现服装成衣静态和动态效果的虚拟表现，也可以在虚拟模特试衣中实时展示出裁剪及各类工艺的调整情况。精确逼真的虚拟仿真效果可以让设计师在投入生产前及时调整完善创意构思（如图 7-51），快速地进行版型纸样调整，大幅减少样衣制作与面辅料的产品开发成本，同时也能有效显著缩短产品开发周期。

Style3D 软件款式设计

234

图 7-50　CLO3D 工作界面

图 7-51　CLO3D 虚拟服装效果图

学习竞技台

● 知识冲浪（30 分）

一、填空，每空 2 分，共计 20 分。

1. 服装设计表达方式有款式图、＿＿＿＿＿＿、服装效果图。

2. 马克笔墨水的性质属于透明水色，有三种属性：＿＿＿＿＿、＿＿＿＿＿、酒精性。

3. 数字化表达技法有：＿＿＿＿＿、＿＿＿＿＿、＿＿＿＿＿。

4. 运用 CorelDRAW 软件可以绘制出矢量图，运用＿＿＿＿＿＿软件可以绘制出位图，运用＿＿＿＿＿＿软件可以渲染出 3D 效果图。

5. 时装画数字化表达的特色：＿＿＿＿＿、＿＿＿＿＿、信息传递方法多样。

二、分析马克笔技法、彩铅技法、水彩技法表现效果图的艺术特点。（10 分）

● 技能演练（70 分）

分析款式一、款式二的服装特点，用 **CorelDRAW** 绘制出平面款式图。完成要求如下。

1. 进行款式特点分析

针对款式一和款式二，需从服装的整体廓形、内部结构、局部造型、装饰细节等方面进行详细、精准、专业的描述与分析。每个款式的分析字数不少于 300 字。

2. CorelDRAW 平面款式图绘制

利用 CorelDRAW 的绘图工具，细致地描绘出服装的每一个细节。所绘制的平面款式图要严格遵循服装的实际比例与结构关系。确保服装的各个部分比例精准，线条流畅自然，能够准确无误地呈现出服装的特征。需选择与服装实际颜色或设计意图相符的色彩进行填充，色彩搭配要协调美观。对服装的关键尺寸（如领口周长、袖长、裙摆长度等）、特殊工艺（如立体裁剪部位、拼接方式等）以及难以通过图形直观表达的设计要点进行文字标注说明，标注文字应简洁明了、规范准确，字体大小适中且不影响款式图的整体美观。

3. 作业上交形式

提交的 CorelDRAW 文件需保存为常见的图片格式（如 .jpg 或 .png），图片分辨率不低于 300dpi，以"学号 + 姓名"方式进行文件命名，同时上交打印纸质版，需保证图像的清晰度与打印质量，方便在作业报告或展示中使用。

款式一　　　　　　　　　　　　款式二

● 任务评价

《CorelDRAW 绘制平面款式图》技能演练项目评分表

设计者：　　　　　　　　班级学号：　　　　　　　　最终得分：

一级评价指标	二级评价指标	评价观测点	得分
款式特点分析（30分）	完整性（10分）	全面涵盖服装的整体造型、领口、袖口、衣身、裙摆 / 裤型、口袋、装饰细节等方面的描述，每缺少一个重要方面扣 2 分，扣完为止	
	准确性（10分）	对各部分的描述准确无误，专业术语使用恰当。若出现明显错误或术语使用不当，一处扣 2 分，多处错误酌情扣 5 ～ 10 分	
	深度与逻辑性（10分）	分析具有一定深度，能阐述设计元素对服装整体风格和穿着效果的影响，且逻辑清晰、条理分明。分析过于浅显或混乱无序扣 3 ～ 5 分；若只是简单罗列特征无深度分析，扣 5 ～ 10 分	

续表

一级 评价指标	二级 评价指标	评价观测点	得分
CorelDRAW 平面款式图 绘制 （40分）	比例与结构 （10分）	服装各部分比例精准，符合实际版型，结构关系正确。若出现明显比例失调或结构错误，一处扣3分，多处错误酌情扣6～10分	
	细节表现 （10分）	领口、袖口等细节绘制清晰、细致，能准确还原服装真实细节。细节缺失或绘制粗糙，一处扣2分，严重影响整体效果扣5～10分	
	色彩填充 （10分）	色彩选择与服装实际或设计意图相符，搭配协调有美感，色彩呈现符合材质特性。色彩错误或搭配不协调扣3～5分；完全未考虑材质与色彩关系扣5～10分	
	标注说明 （5分）	关键尺寸、特殊工艺等标注完整、准确、清晰，不影响款式图美观。标注缺失或错误，一处扣1分，标注混乱影响阅读扣3～5分	
	格式规范 （5分）	上交文件格式正确，命名规范，图片分辨率达标。若格式错误扣2分；命名不规范或图片分辨率不足扣1～3分	

改进建议：

● 得分总评

　　知识冲浪分值：＿＿＿＿＿＿＿　　　　技能演练分值：＿＿＿＿＿＿＿　　　　评价人：＿＿＿＿＿＿＿

参考文献

[1] 张富云.服装艺术造型设计基础 [M].郑州：郑州大学出版社，2016.

[2] 陈海霞，郑红霞，吉玲.服装设计基础 [M].北京：中国纺织出版社，2018.

[3] 李卉，华雯.服装设计基础 [M].南京：东南大学出版社，2020.

[4] 邵巍，王春婷.服装设计基础教程 [M].北京：电子工业出版社，2023.